非均匀场下原子高次谐波及阿秒脉冲产生

葛鑫磊　著

北　京

冶 金 工 业 出 版 社

2023

内 容 提 要

本书主要通过求解强激光场与原子相互作用的一维含时薛定谔方程研究非均匀场下的高次谐波以及阿秒脉冲的产生。第 1 章简要介绍超短强激光脉冲技术的发展历程、强激光场中的高次谐波发射现象等；第 2 章介绍非均匀场下高次谐波发射的现状与进展；第 3 章介绍高次谐波理论模型和计算方法；第 4 章介绍非均匀啁啾双色组合激光场下氦离子的高次谐波发射及孤立阿秒脉冲的产生；第 5 章介绍非均匀少周期激光场中原子在不同空间位置的高次谐波发射。

本书可以作为从事强激光与物质相互作用研究人员的入门读物，同时也可以作为硕士研究生学习强场理论的入门教材。

图书在版编目(CIP)数据

非均匀场下原子高次谐波及阿秒脉冲产生/葛鑫磊著. —北京：冶金工业出版社，2022.7（2023.5 重印）

ISBN 978-7-5024-9159-8

Ⅰ.①非… Ⅱ.①葛… Ⅲ.①超短光脉冲—谐波—研究 Ⅳ.①TN781 ②O455

中国版本图书馆 CIP 数据核字（2022）第 082920 号

非均匀场下原子高次谐波及阿秒脉冲产生

出版发行	冶金工业出版社	电　话	(010)64027926
地　　址	北京市东城区嵩祝院北巷 39 号	邮　编	100009
网　　址	www.mip1953.com	电子信箱	service@mip1953.com

责任编辑　姜恺宁　美术编辑　燕展疆　版式设计　郑小利
责任校对　石　静　责任印制　禹　蕊
北京捷迅佳彩印刷有限公司印刷
2022 年 7 月第 1 版，2023 年 5 月第 2 次印刷
710mm×1000mm　1/16；4.75 印张；76 千字；68 页
定价 66.00 元

投稿电话　(010)64027932　投稿信箱　tougao@cnmip.com.cn
营销中心电话　(010)64044283
冶金工业出版社天猫旗舰店　yjgycbs.tmall.com
（本书如有印装质量问题，本社营销中心负责退换）

前　言

　　光与物质的相互作用一直是物理学研究的重要课题，近年来，随着激光技术的快速发展，激光脉冲的宽度被不断缩短而强度被不断提高，与此同时，人们对光与物质相互作用的研究也进入到强场物理领域。强激光脉冲的使用极大地拓展了人们对光与物质相互作用的认识，一系列新奇的强场物理现象被发现。这些新现象的出现为理论和实验研究都带来了巨大的挑战，同时，也推动了现代激光技术的进一步发展。在这些新的强场现象中，原子分子的高次谐波发射吸引了研究人员的大量关注。高次谐波辐射谱的等频间隔特点及其所具有的延展的平台结构为产生极紫外相干辐射和制备脉宽达阿秒量级的光脉冲提供了绝佳的途径。阿秒脉冲将为人类进一步认识原子、分子内部电子的超快动力学过程打开大门。目前，对高次谐波的研究主要集中在提高谐波转化效率和拓展谐波平台的截止位置这两个方向上。

　　实验上发现利用强激光与金属纳米结构作用产生的等离子体可有效地增强局域空间中的激光场强度，并驱动原子发射出高次谐波。理论和实验研究表明，这种由等离子体产生的空间非均匀的场可有效地降低高次谐波发射所需的激光强度，同时也可提高谐波转化效率并大幅延展谐波平台。非均匀场的这些优良特性为产生更短更强的阿秒脉冲提供了新的方法。同时，非均匀场在空间中的独特的分布形式对电子的重散射动力学行为会产生重要影响，这带来了人们对高次谐波发射机制的新认识，并促使人们研究新的调控高次谐波发射和实现孤立阿秒脉冲的新方法。

　　在本书中，主要通过求解强激光场与原子相互作用的一维含时薛定谔方程来研究原子在非均匀场下的高次谐波发射过程以及阿秒脉冲的产生。第 1 章介绍超短强激光脉冲技术的发展历程、原子在强激光场中的几种重要电离过程及强激光场中的高次谐波发射现象；第 2 章介绍非均匀场下高次谐波发射的实验和理论方法，并给出理论研究非均匀场下高次谐波发射所使用的近似方法和理论模型；第 3 章介绍原子模型势和激光场形式、偶极近似下的含时薛定谔方程、基态和含时波函数的求解方法及高次谐波分析方法等；第 4 章介绍非均匀啁啾双色组合激光场下氦离子的高次谐波发射及孤立阿秒脉冲的产生；第 5 章介绍非均匀少周期激光场中原子在不同空间位置的高次谐波发射。

　　本书的出版感谢渤海大学物理科学与技术学院给予的支持。

　　囿于作者学识水平，书中不妥之处恳请不吝赐教、批评指正。

作　者

2022 年 1 月

目　　录

1　绪　　论

长久以来，认识光与物质一直是物理学研究中最基本也是最根本的任务，而认识光与物质间的相互作用则是理解其本质和规律的关键所在。早在100 多年前，爱因斯坦就提出了光的量子理论并成功解释光与金属的作用机制即光电效应问题[1]，他利用光量子理论于 1916 年又进一步阐明了原子在辐射场中吸收和发射光子的规律，首次提出受激辐射概念。光的量子理论和受激辐射概念的提出为日后量子力学的快速发展和一系列重要技术发明的出现奠定了坚实的基础。1960 年，美国物理学家 Maiman 首次宣布制造出可发射可见光的红宝石激光器，立即引起巨大轰动，这是爱因斯坦光量子理论成功应用到实际的典范。对光与物质间相互作用的认识使人类发明了激光，而激光也成为人类进一步认识光与物质间相互作用过程的强大的研究工具，激光与物质的相互作用更是成为了物理研究的热门话题和重要领域。自 20 世纪后半叶，伴随着激光技术的迅速发展，激光脉冲的宽度不断缩短，而激光的强度却不断提高，这些超短超强激光脉冲的出现使人们得以研究一系列新奇的物理现象，例如多光子电离[2,3]、阈上电离[4,5]、隧穿电离[6,7]、非次序双电离[8~10]、高次谐波发射[11,12]等，其中，原子分子在超短超强激光脉冲中产生的高次谐波依然是目前获得阿秒量级相干光源的重要途径，而阿秒脉冲则将成为继飞秒脉冲后激光技术的又一重大进步，并将为人类研究亚原子尺度上的超快动力学过程打开大门。

如无特殊说明，本书所讨论的内容均使用原子单位，$\hbar = 1$，$m = 1$，$e = 1$。

1.1　激光技术的发展历程

自 1960 年激光器发明以来，人们就从未停止过对激光技术的改进，而对激光与物质相互作用的研究也伴随着激光技术的发展而不断前进。作为研究对象，激光技术的每一次进步都促使我们对光与物质相互作用规律的全新认识；而作为革命性的研究和探测工具，激光本身的每一次进步都在扩展我们的视野，使我们得以在更小的时间和空间尺度上认识世界。图 1.1 简要展示了激光技术的发展历史，从图 1.1 中可以看到激光技术主要向着如何最大限度地压缩激光脉冲宽度和如何不断地提高激光脉冲的强度这两个方向发展。

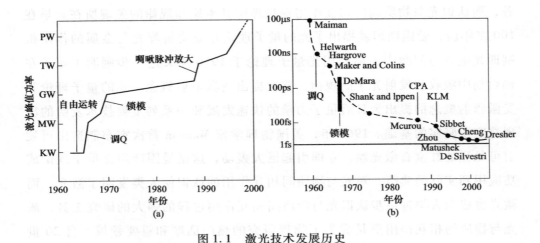

图 1.1 激光技术发展历史

（a）激光脉冲峰值功率的发展历程[13]；（b）激光脉冲宽度的发展历程[14]

激光技术的不断革新使激光脉冲的宽度被不断缩短而激光脉冲的强度被不断增强。20 世纪 60 年代激光器刚刚诞生时，光脉冲的强度还很弱，其电矢量对应的电场强度远低于原子核束缚核外电子的电场强度，故激光与原子、分子的相互作用能够用微扰理论较好地解释，但此时人们仍然发现了很多非线性的光学效应，如多光子电离现象[15]和二倍频现象[16]。接着调 Q 技术（Q-switching technique）的发展使激光的脉冲宽度达到纳秒（10^{-9}s）量级而光强达到兆瓦（10^6W）量级[17]。锁模技术（mode locking）的出现又使激光脉冲进一步达到脉宽皮秒（10^{-12}s）量级，光强吉瓦（10^9W）量级[18]。锁模技术包括主动锁模与被动锁模[19]。主动锁模是通过外部调制信号对激光器的增益和损耗进行周期性的调控来锁定不同模式间的相位从而实现短脉冲输出，而被动锁模则通过材料自身的非线性吸收或相变特性来实现短脉冲输出。到了 20 世纪 70 年代，这两种锁模技术都已达到成熟，但由于材料非线性效应的限制，无法再对激光脉冲的强度进行提高。20 世纪 80 年代中后期发明的啁啾脉冲放大技术（chirped pulse amplification，CPA）[20] 将激光的强度进一步增加并超过了太瓦（10^{12} W）量级，而脉冲宽度则达到了飞秒（10^{-15}s）量级。此时激光脉冲的电场强度已经接近原子核对价电子的库仑作用强度。20 世纪 90 年代发展的克尔透镜锁模技术进一步使飞秒激光脉冲的强度提升到拍瓦（10^{15}W）量级。飞秒激光脉冲的出现大大扩展了激光技术在工业领域及科学研究领域的应用范围，推进了能源、通信、医疗、材料加工等各应用领域的快速发展，同时也催生了大量的重要科学发现。飞秒激光的发明在激光技术发展史上具有里程碑式的意义。在科学研究上，由于飞秒激光的脉冲宽度已经低于分子中原子运动的时间尺度，故可以借助飞秒激光对原子、分子尺度上的超快动力学过程进行探测，这使人类第一次可以直接观察像化学反应这样的微观世界中的超快动力学过程，为此 1999 年的诺贝尔化学奖授予开创飞秒化学的埃及科学家泽维尔（Ahmed H. Zewail）[21]。此外，由于飞秒激光的强度已经可以接近甚至超过原子中价电子所感受到的原子核的库仑电场强度，故量子微扰理论不再适用，传统的光与物质相互作用的物理图像也被颠覆，一系列前所未有的强场现象被陆续发现，从此，人类对光与物质相互作用的研究进入到强场物理领域。

尽管飞秒激光脉冲已经成为研究微观世界中超快动力学过程的有力工具，但是人们依然没有停下对更短脉宽的激光脉冲的追求。图 1.2 展示了微观世界中各种动力学过程发生的时间尺度和所处的空间尺度。从图 1.2 中可知，电子在原子和分子中的运动时间都是在阿秒（10^{-18}s）量级上的，所以要想探测电子在原子或分子中的运动过程，就需要拥有阿秒量级的激光脉冲[22]。因此，怎样获得更快的阿秒光脉冲就成为 20 世纪末直至今天激光技术发展及强场物理学研究的重大课题。目前，通过强激光与原子分子相互作用而产生的高次谐波来合成阿秒脉冲在理论和实验上均取得了巨大成功[22~25]，已成为人们获取阿秒脉冲的首选途径，而对高次谐波的研究也成为强场物理研究领域的重要课题。可以预见，阿秒脉冲的制备和应用将大大推动人们对微观物质世界的认识。

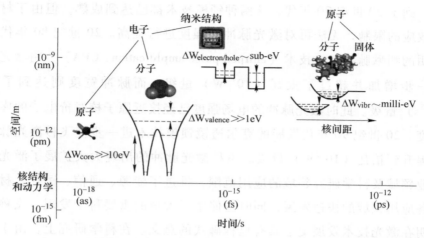

图 1.2　微观世界中动力学过程的时间尺度和空间尺度对照图[22]

1.2　原子在强激光场中的电离

20 世纪 60 年代，当人们将激光在空气中聚焦，意外地发现空气中有电火花，这意味着空气分子被单个光子能量远低于其电离势的激光脉冲所电离。这种明显与传统光电效应理论相违背的实验现象开启了多光子电离的研究领域，为日后的强场物理发展奠定了基础。随着激光脉冲强度的不断提高，一系列新奇的电离现象又被陆续发现。强激光场中的电离动力学行为是研究强激光与物质相互作用的基础，对高次谐波发射及阿秒脉冲产生均具有重要意义。

由于激光脉冲的强度会接近甚至超过原子核束缚价电子的电场强度，所以在原子的强场电离研究中通常会采用 Keldysh 参数[26]来区分激光和原子的相互作用是否发生在微扰区，由此来指导理论分析或模拟计算。Keldysh 参数如下：

$$\gamma = \sqrt{I_p/2U_p} = \omega\sqrt{2I_p/I} \tag{1.1}$$

式中，I_p 为原子的电离能；U_p 为自由电子在激光场中运动的有质动力能，$U_p = e^2E^2/4m\omega^2 = 9.3 \times 10^{-14}I\lambda^2$，$E$ 为激光场的电场强度；I 为相对应的光强，$\mathrm{W/cm^2}$；ω 和 λ 分别为激光的圆频率和波长（单位：μm）。

当 γ 远大于 1 时，电子的电离过程可以用微扰理论解释；而当 γ 远小于

1 时，微扰理论就不再适用，这时就需要用非微扰理论来进行研究。下面简
要介绍几种主要的强场电离机制。

1.2.1 多光子电离

当激光的强度低于 10^{14} W/cm^2 时，原子在强激光场中主要发生多光子电
离，即电子通过吸收多个光子从束缚态跃迁到连续态，如图 1.3 所示。
Manus 等人最早发现了多光子电离。在早期的实验中，所使用的激光场强度
普遍比较低，故可用最低阶微扰理论来解释多光子电离现象[27,28]，其电离速
率可以表示为

$$\Gamma_n = \sigma_n I^n \qquad (1.2)$$

式中，σ_n 为 n 光子吸收截面；I 为激光强度；n 为原子发生电离所需的最小光
子数。

当所使用的光强大于某一阈值（饱和强度）时，低阶微扰理论不再适
用，因为此时原子中发生电离的电子将被完全耗尽[2]。当激光强度继续增
加，原子中的电子会与激光场强烈地耦合从而导致原子能级发生动态位移，
即发生 AC-Stark 效应。

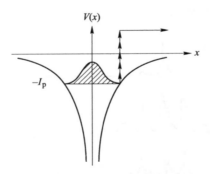

图 1.3 多光子电离过程示意图[13]

1.2.2 阈上电离

1979 年，Agostini 等人在研究原子的多光子电离时发现原子可以吸收多
于电离势所要求的最小光子数而发生电离，即发生阈上电离[29]。阈上电离
是由原子在发生多光子电离过程中的非微扰因素产生的，其本质是原子的核
库仑势场在强激光场下扭曲变形使原子能级发生了变动。尽管阈上电离来自

于原子势场的非微扰变化，但在 1980 年 Gontier 和 Trahin 还是针对阈上电离过程给出了基于微扰理论的电离速率公式：

$$\Gamma_{n+s} \propto I^{n+s} \tag{1.3}$$

式中，n 为多光子电离过程所需的最小光子数；s 为原子相对于多光子电离又额外吸收的光子数。

这个公式在激光强度不是很大时可以很好地描述阈上电离过程；然而当激光场强度增大时，不仅跃迁到连续态的电子会在激光场中获得有质动力能 U_p，原子中处于束缚态的电子也会受到强外场的作用并获得有质动力能的部分贡献。这样，原子的所有能级都会发生偏移，而阈上电离原来的 n 光子电离通道就会被关闭[30]，从电离电子能谱上就会发现低阶的谱峰会随着光强的增加逐渐消失，如图 1.4 所示。阈上电离过程的发现使人们对强场电离的研究逐渐从微扰区进入到非微扰区，并促进了强场理论及相关实验技术的发展。

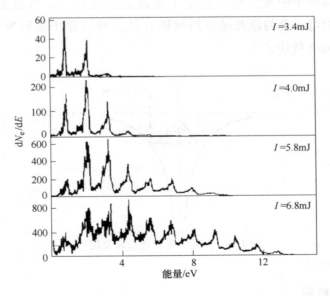

图 1.4　阈上电离光电子能谱[30]

1.2.3　隧穿电离和越垒电离

早在 1965 年，Keldysh 就从理论上预言[26]：当与原子作用的激光场强度足够高且频率足够低时，激光场就可以被视为准静态的，即原子在电离时刻，激光场可被近似为一个静电场，这个场会强烈地扭曲原子核的库仑势，并压低原子核势场的一侧从而形成一个势垒，这时，仍处于束缚态的电子具有一定的概率通过量子隧道效应直接穿过势垒而电离出去。图 1.5（a）展示了隧穿电离的物理图像，从中可以知道对于隧穿电离过程，电子无需吸收足够的光子数以达到电离势就可以发生电离，而且瞬时激光场的强度越高，势垒就越窄越低，隧穿电离就越容易发生，因此可以推断隧穿电离主要在激光电场的峰值处发生，事实上，这也正是很多计算隧穿电离过程的理论模型的基本假设。隧穿电离是一个高度非线性的光学现象，其电离速率可以由准静态近似下的 ADK（Ammosov-Delone-Krainov）模型给出[31]，其公式形式为

$$\Gamma_n(t) = \frac{1}{|E(t)|}\exp\left(-\frac{2}{3|E(t)|}\right) \tag{1.4}$$

式中，$E(t)$ 为激光的电场分量。

通常发生隧穿电离的激光强度大约在 10^{14} W/cm^2 量级上，而当激光的强度进一步增加至 10^{18} W/cm^2 时，畸变的核库仑势所形成的势垒的高度可能会低于束缚电子所处的势能位置，这时束缚电子的波包无需隧穿即可直接扩散出原子而发生电离，如图 1.5（b）所示，这种电离过程称为越垒电离。

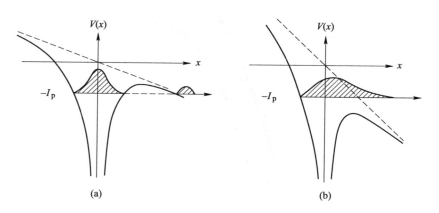

图 1.5　隧穿电离过程示意图（a）和越垒电离过程示意图（b）[13]

1.2.4 非次序双电离

按照传统的对电离的理解，对于某特定的多电子原子，当激光的强度达到一定程度时，原子的单电离通道就会饱和，而这时双电离通道就会打开，激光脉冲继续电离该原子的一价离子，也就是说原子的第一次电离和第二次电离是相继进行的，这称为次序双电离。然而1983年由A. L' Huillier等人[32]所得出的实验结果挑战了这一传统认识，他们的实验结果显示，在低光强区域内，双电离产额关于激光强度的曲线上存在一个平台区，即"knee"结构，这意味着原子双电离产额要比预期高出几个数量级，这是传统的基于单电子近似的理论所无法解释的，但A. L' Huillier等人并没有正确认识到这一问题。后来，随着更精确的实验结果（图1.6）的出现[8]和理论模型的逐步完善[33]，人们发现双电离中两个电子的电离过程并不是顺序的，而是关联在一起的，并称这种现象为非次序双电离。从图1.6中可以看到，在光强10^{15} W/cm^{2}附近，双电离产额曲线上存在一个明显的平台区，即"knee"结构。1993年，Corkum提出了半经典三步模型[34]，可以很好地解

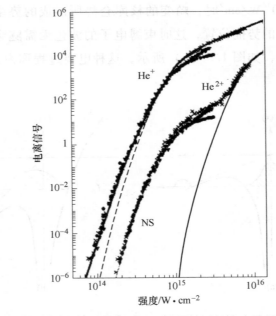

图1.6 氦原子的单电离及双电离产额随激光场强度变化的关系曲线[8]

释非次序双电离现象。三步模型的提出极大地推动了包括非次序双电离在内的强场物理各研究方向的发展，目前，由三步模型描述的电子重散射行为已经成为高次谐波及阿秒脉冲研究的基石。因此，对非次序双电离中电子重散射过程的研究也将会促进人们对高次谐波发射过程的认识。

1.3 高次谐波发射

当强激光脉冲与原子、分子、团簇或固体等物质相互作用时，由于高阶非线性电极化系数的耦合效应，被激光作用的介质会发射出辐射频率为入射激光整数倍的相干辐射波，这种光波发射就被称为高次谐波发射（high-order harmonic generation，HHG）。

对高次谐波的研究最早可追溯至 1987 年，Shore 和 Knight 通过理论推导预言，在阈上电离过程中，电离电子在外场作用下有可能返回到母离子从而辐射出高能光子，即产生高次谐波发射现象[35]。就在同一年，Mcpherson 等人在实验中通过亚皮秒激光脉冲作用惰性 Ne 原子气体首次获得了 17 次谐波[36]。此后对高次谐波的理论和实验研究在全世界范围内迅速展开。在早期的高次谐波实验中，所使用的入射激光脉冲还在皮秒（ps）量级，而随着飞秒（fs）超短强激光脉冲的使用，对高次谐波的研究逐渐深入并产出了丰硕的成果，直至目前，高次谐波发射仍然是强场物理领域中的热点问题。

无论激光脉冲的参数和作用介质如何选取，实验上所获得的高次谐波均具有同样的特征，如图 1.7 所示：首先，较低阶次的谐波的转换效率会随着谐波阶次的增加急剧下降，这一区域仍可由微扰理论来解释；接着，谐波谱

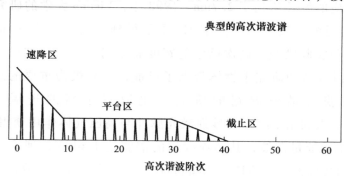

图 1.7 高次谐波功率谱示意图

会出现一个平台结构,即高次谐波的转换效率几乎不再随谐波阶次的增加而发生任何变化,在这一区域微扰理论已经不能做出合理的物理解释了;最后,在一定的谐波阶次处,高次谐波的转换效率迅速下降即出现截止。此外,在高次谐波谱的平台区,不同阶次的谐波还具有等频间隔的特点。高次谐波延展的平台区可覆盖的频率范围非常广,从红外波段到极紫外甚至还可到软 X 射线波段,这为高次谐波带来了广阔的应用前景,为产生阿秒脉冲、极紫外光脉冲及相干 X 射线等重要技术的发展提供了应用的途径。

1.3.1 高次谐波研究的主要方向和进展

人们对高次谐波的认识是伴随着对强场物理各领域的研究而不断前进的,强场物理中的各种新奇的物理现象如阈上电离、隧穿电离、非次序双电离都对高次谐波研究的深入和发展起到了关键作用。强场物理理论的发展特别是半经典三步模型的提出,统一了包括高次谐波在内的各强场物理过程的物理图像,从此,强场各领域的研究互相启发、互相促进,自 20 世纪末至 21 世纪都得到了快速发展。由于高次谐波在产生阿秒光脉冲上所具有的重要意义,人们对其开展了广泛的研究。

为了获得更短更强的阿秒脉冲、极紫外光脉冲以及"水窗"波段的相干 X 射线,人们主要在两个方向上对高次谐波开展研究工作:一是研究如何展宽高次谐波谱的平台区;二是研究如何提高高次谐波的平台高度即提高谐波的转换效率。在展宽谐波平台宽度上,人们已经做出了大量的研究工作并取得了良好的研究成果。1997 年,Michigan 大学的 Chang 等人利用 800nm/26fs 的超短激光脉冲与 He 原子气体作用,获得了最高阶次达 297 次的高次谐波[37],其对应的波长达到了 2.7nm。1998 年,Vienna 大学的研究团队利用 750nm/5fs 的超短强激光脉冲照射 He 原子得到了波长小于 3nm 的谐波辐射[38]。这两项实验已经将高次谐波的宽度展宽到"水窗"波段,这为未来运用超短 X 射线脉冲研究生物体带来了可能,具有极为重要的意义。近年来,人们在获得谐波展宽的研究上也取得了新的进展。2012 年,Popmintchev 等人利用中红外飞秒强激光脉冲与高压气体作用获得了 5000eV 量级的明亮的高能量谐波,其超连续谱的谱宽达 1.6keV,理论上可由此合成 2.5as 的阿秒脉冲[39]。同年,Ciappina 等人发现利用超短激光脉冲与金属纳米结构相互作用产生的等离子体非均匀场在与入射激光脉冲叠加后,可以大大扩展高次谐波的截止位置[40]。近年来对金属纳米结构产生的非均匀场的研究为展宽高次谐波平台区增添了新的途径，并引起了学者在实验及理论上广泛的研究兴趣，本书将对非均匀场下高次谐波的发射做更详细的介绍和理论研究。

在提高高次谐波转换效率的研究上，也有很多研究工作和进展。1998年，Rundquist 等人[41]改进了产生高次谐波的实验装置，采用充气毛细管作为靶，代替了传统的气体喷嘴，这样，通过调节充气毛细管的大小、充气气压等相关参数，实现了对高次谐波相位匹配的改善，并将高次谐波的发射效率提高到 $10^{-4} \sim 10^{-6}$ 量级，从而增强了高次谐波的产额。同年，Lange 等人[42]通过采用超短自引导飞秒激光脉冲辐照惰性气体，在高次谐波发射中实现了准相位匹配并提高了其转换效率。2003 年，Gibson 等人[43]通过采用周期调制的充气毛细管大幅提高了截止区的谐波转化效率，使"水窗"波段上的准相位匹配成为可能。2007 年，Seres 等人[44]采用相似的方法通过周期调制气体密度也实现了谐波在"水窗"波段的准相位匹配。在产生高次谐波的实验中，除采用气体靶，还可以采用团簇、固体等介质作为靶材料[45]，当超短强激光脉冲与其相互作用时也可有效地提高谐波的发射效率。

高次谐波不仅能够为制备阿秒脉冲、极紫外脉冲和 X 射线提供有效途径，其本身更具有丰富的物理信息。利用高次谐波发射过程中的电离电子的回复行为，人们可以研究微观尺度下物质的结构及物质内部的超快动力学过程。2004 年，Itatani 等人[46]首次利用高次谐波谱对氮分子的最高占据轨道进行了成像，之后的研究表明高次谐波不仅可直接对对称分子进行轨道成像，也可以对不对称分子的轨道进行成像[47]。2011 年，A. D. Shiner 等人利用高次谐波谱研究了氙原子内部关联的多电子动力学行为[48]，首次发现电离电子不仅可以回复到原子的最外层轨道，也可以回复到由原子内部多电子动力学过程所产生的内层轨道空穴中，这扩展了人们对高次谐波产生机制及原子内部多电子关联的认识。2012 年，Zhang Dongwen 等人[49]通过在实验上联合测量高次谐波和太赫兹波的产生，首次发现产生高次谐波的重散射过程也决定了太赫兹波的发射，并在数十个阿秒的精度上实现了对太赫兹波发射的控制，这对进一步认识重散射过程及高次谐波发射过程具有重要意义。

1.3.2　高次谐波发射的原理和理论计算方法

高次谐波发射是一种高度非线性的强场光学现象，因为此时，激光场的强度已经达到 10^{15} W/cm² 以上，其电场强度已经超过了原子核对最外层价电子的库仑作用的强度，这意味着光场对原子的作用已经不能再视为微扰了。事实上，高次谐波谱的平台结构已经完全超出了微扰理论所能解释的范围，这就需要新的非微扰理论来阐释高次谐波的发射过程。

1993 年，Corkum 提出了半经典三步模型[34]，他通过引入电子重散射的概念，首次给出了强场物理过程的完整的物理图像，成功地解释了高次谐波发射、非次序双电离及阈上电离的物理机制。从此，三步模型和电子重散射成为理解强场物理中几乎所有问题的关键。图 1.8 所示为高次谐波发射的三步模型。

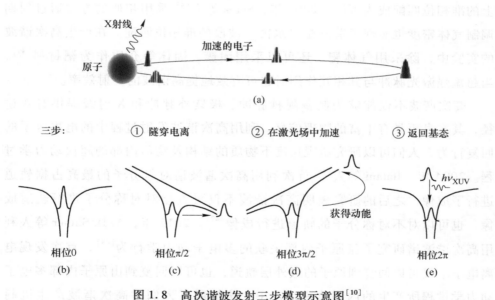

图 1.8　高次谐波发射三步模型示意图[10]

（三步模型：①电子通过隧穿电离进入连续态；②自由电子在激光场中

运动并从激光场中获得能量；③当激光场反向时，

电子返回核区并与母离子发生复合发射出高能量光子）

高次谐波发射的半经典三步模型包含三个基本的物理过程：第一步，当激光场电场的极大值来临后，原子核的库仑势会被激光场强烈地扭曲而形成势垒，原子内的束缚电子会通过隧穿电离进入连续态；第二步，电离后的自由电子在激光场中运动，并在激光场的作用下经历加速、减速和反向再加速的过程，电子在这个过程中从激光场中获得能量；第三步，在激光场反向时，电离出的电子会在反向的电场力的作用下返回核区并与母离子发生复合，同时发射出高能光子。高次谐波发射的半经典三步模型还包含有几个基本假设：（1）电子在发生隧穿电离后的初始速度为0，且电离发生位置近似为0，即在坐标原点；（2）电离电子在激光场中运动时不考虑原子核对其的库仑作用，且电子的运动是完全经典的；（3）电子返回时可以到达母离子所处的坐标原点。按照三步模型的基本过程和假设，可以清晰地认识高次谐波发射的基本物理机制，通过简单地求解自由电子在激光场中的牛顿运动方程，还可以得到高次谐波截止处对应的光子能[34]：

$$E_{cutoff} = I_p + 3.17U_p \tag{1.5}$$

式中，I_p 为原子的电离势；U_p 为电子在激光场中的有质动力能，这一理论结果可以与实验观测符合得非常好。

通过三步模型，也可以认识高次谐波发射中重散射电子经典轨道的特性，为进一步调控激光场以优化高次谐波发射及合成孤立阿秒脉冲提供了思路和方法。

如图1.9所示，当原子在激光场某一周期的电场极大值附近发生电离时，通常在电场极值之后电离的电子会发生重散射过程并在之后的某一时刻回到母离子，这些重散射电子的轨道可以被分为两类：（1）电子电离较早而回复较晚，且电子的飞行距离比较长，称为长轨道；（2）电子电离较晚而回复较早，且电子的运动距离短，称为短轨道。这两种重散射轨道都会对谐波发射产生贡献，如何调控这两种轨道就成为了高次谐波和阿秒脉冲研究的重要内容。目前，三步模型已经被广泛地运用到对高次谐波的研究中，成为分析高次谐波截止位置及重散射电子轨道的有力工具。

尽管三步模型可以为我们提供高次谐波发射的简洁的物理图像以及较准确的谐波截止规律，但高次谐波发射的真实物理过程并不是经典的而是量子的，特别地，电子的隧穿电离过程、电子波包的量子扩散和量子干涉过程，以及原子核对电子的库仑作用等都会对高次谐波的产生和相干控制起到重要影响，故需要建立包含这些效应的量子理论模型。目前，理论研究高次谐波中比较成熟和常用的方法主要包括强场近似模型和直接求解含时薛定谔方程。

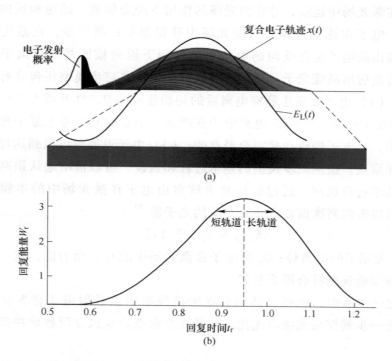

图 1.9 原子电离中重散射电子的经典轨道示意图[22]

（中间的颜色值代表了回复电子能量的大小）

（a）电子运动距离随时间的变化；

（b）电子回复到母离子时所携带的能量与电子回复时刻的关系

1994 年 Lewenstein 等人[51]在 Corkum 三步模型的基础上，引入量子效应并采用费曼路径积分的处理方法，建立了全量子的强场近似模型。这个模型主要包含以下几个基本假设：

（1）只考虑原子基态对谐波的贡献，而不考虑其他束缚态对谐波的影响。

（2）不考虑基态电子的电离耗尽效应。

（3）不考虑原子核库仑势对连续态电子的影响，即将电子看作是激光场中的自由运动的粒子。

该方法从单电子近似下的薛定谔方程出发，解析地推导出与时间相关的电偶极矩阵元。这一矩阵元可视为处于束缚态的电子波包隧穿到连续态，连续态电子波包在激光场作用下运动，接着电子波包被激光场拉回母核并复合到束缚态这三个过程的概率振幅之和，这与三步模型中发射高次谐波的物理过程完全一致。

在理论计算中，要想考虑高次谐波发射中所有可能的物理效应，就要采用直接求解含时薛定谔方程的方法。通过数值求解原子体系的含时薛定谔方程，可以求得每一时刻的电子波函数，再由 Ehrenfest 理论，即可求得含时偶极矩，最后再对偶极矩做傅里叶变换就能得到高次谐波谱。目前，求解含时薛定谔方程的数值方法有很多种，主要有分裂算符法、Crank-Nicolson 差分法以最小二乘拟合法、Floquet 法以及有限差分法。本书将采用分裂算符法来求解原子的含时薛定谔方程。

1.3.3　高次谐波研究的意义

高次谐波发射不仅对我们认识和理解强场物理过程有重要意义，还具有广阔的应用前景，其潜在的重要应用主要有：

（1）利用高次谐波谱延展的平台结构和不同阶次谐波等频间距的特点可以合成阿秒光脉冲[23,24]。阿秒脉冲的实现将极大地扩展人类对微观物质世界中动力学过程的认识。飞秒激光脉冲使人类"看见"分子的化学反应过程，而阿秒脉冲将使跟踪原子中的电子运动成为可能，使我们能够实时观察原子尺度上电子的超快动力学过程[52~54]，这对进一步认识和理解微观物质结构和行为具有重要意义。

（2）由于高次谐波平台区覆盖的频谱范围非常广，在一定的激光条件下，甚至可以达到极紫外和软 X 射线的波段，因此可以利用高次谐波得到极紫外光脉冲和相干 X 射线[55,56]。目前，采用少周期强激光脉冲与惰性气体相互作用已经可以得到截止频率达"水窗"波段的相干 X 射线，这为利用 X 射线研究以水为背景的生物活体细胞提供了可能，为未来的生物学研究奠定了重要的技术基础。

（3）利用高次谐波谱可以对分子的轨道进行成像，从而研究分子的结构特征[46]。此外还可以利用高次谐波发射和电子的重散射过程探测原子分子内部的超快动力学行为[48]。

（4）对高次谐波的研究会推动人们对强场物理过程的认识。随着超短激光技术的快速发展，大量的新奇的强场现象或效应被发现，如高次谐波、隧穿电离、阈上电离、非次序双电离等，然而尽管这些现象各不相同，却都可以被包含在三步模型中，而电子重散射这一重要概念对统一和理解强场中各物理现象起到了关键作用。对高次谐波的研究将加深我们对电子重散射行为的认识，并为理解由电子重散射支配的其他物理现象提供帮助。

2 非均匀场下高次谐波发射的发展历程和现状

极紫外光脉冲是光刻技术的重要基础，对半导体工业的发展具有重要意义。在科学研究上，人们投入了大量的精力来研究产生极紫外光脉冲的方法。通常可以利用飞秒激光与气体相互作用发射的高次谐波来产生相干的极紫外光脉冲。飞秒激光作用于气体发射高次谐波的过程是高度非线性的，并且需要至少 $10^{13}\,\mathrm{W/cm^2}$ 的激光强度才能产生这种物理效应。而直接使用飞秒激光振荡器是很难达到这么高的激光强度的，这就需要啁啾脉冲放大技术来进一步增强飞秒激光脉冲的强度以达到或超过产生高次谐波的光强阈值。在实验上，啁啾脉冲放大是通过在飞秒激光振荡器输出后串联一系列的起补偿作用和放大作用的腔体来实现的，这就需要大量的空间来安放这些腔体和设备，同时还需要对这些额外增加的腔体和光路进行调试和精确的控制，这都增加了高次谐波实验的复杂程度和成本。

2008 年，Seungchul Kim 等人[57]报道了一种不使用额外的激光脉冲放大腔体，而直接使用飞秒激光振荡器来产生高次谐波的新方法。在这一方法中，一束聚焦光强仅为 $10^{11}\,\mathrm{W/cm^2}$ 的飞秒激光被直接投射到蝴蝶结形状的金属纳米结构上，并在两个对顶的三角形纳米结构的尖端表面形成了等离子体，这个由飞秒激光脉冲激起的等离子体在纳米结构的空隙中产生了局域的电场增强，这种局域增强的电场随着外部激光脉冲瞬时电场的变化而变化，并且其电场强度在空间上呈现非均匀的分布，即空间上每一点所增加的电场强度都是不同的，故这种场被称为非均匀场。实验发现，由金属纳米结构产生的非均匀场使入射的飞秒激光强度提高了两个数量级并达到了氩气体原子产生高次谐波的光强阈值，且直接观测到了一系列奇数次的高次谐波发射。这一重要突破首次表明可以直接利用低光强的飞秒激光来产生高次谐波，这降低了产生高次谐波的技术难度，同时大大减小了高次谐波发射设备所需的空间，也为未来极紫外光光刻设备的高度集成化提供了可能的技术方案并奠定了重要的物理基础。

自从成功利用金属纳米结构的场增强效应来产生高次谐波以来,人们在实验上又开展了一系列后续研究工作。而在理论上,人们也对非均匀场的计算和模拟方法展开了积极研究,同时积极探索非均匀场对高次谐波发射的影响及调控方法,这些实验和理论研究均取得了一定的成果。

2.1 研究非均匀场下高次谐波发射的实验方法

在实验上,非均匀场就是入射激光脉冲作用到金属纳米结构上所产生的,因此其与通常产生高次谐波方法的关键不同就是要在激光聚焦的区域同时也是激光与气体原子相互作用的区域插入一个事先构筑好的金属纳米结构阵列。这样,实验过程就如图 2.1 所示,一束波长为 800nm、脉宽为 10fs 的锁模激光被聚焦在一片构筑在蓝宝石平面上的金属纳米结构阵列上,同时向这个纳米结构阵列喷射氩气体,这时氩气体原子就会充入到金属纳米结构的空隙中。对于蝴蝶结型的纳米结构,两个对顶的三角形结构的尖端将在入射激光脉冲作用下产生表面等离子体,如图 2.1(c)所示,即两个尖端分别产生正负电荷,由此会在这两个尖端之间的空隙中产生非均匀场,而处于空隙中的氩原子会感受到一个由入射激光场和非均匀场共同形成的叠加场。

这个叠加场的电场强度要远大于入射激光脉冲的强度,氩原子会在这个叠加场的作用下发生电离,而电离后的电子也会在这个叠加场的作用下发生重散射过程回到母离子,同时放出一个高能光子即极紫外脉冲。这样,纳米结构阵列中的每一个蝴蝶结型结构都相当于一个产生高次谐波的发射源。图 2.2(a)所示为纳米结构阵列的扫描电子显微镜图像,可以看到一个纳米结构阵列中包含大量的该种蝴蝶结型结构,因此会有大量的氩原子发生上述过程并辐射出极紫外脉冲。最后通过光栅和放置在可移动平台上的光电倍增器对原子发射的高次谐波进行探测,同时获得高次谐波谱。图 2.2(b)为实验上观测到的高次谐波谱,从图中可以看到从第 7 阶次到第 17 阶次之间的奇数次的高次谐波发射,并且这些谐波构成了三个部分:第 7 阶至第 9 阶为微扰区;第 11 阶至第 15 阶为平台区;最后在第 17 阶次谐波处可以看到明显的截止。这都和采用啁啾放大技术的飞秒激光与气体原子作用产生的高次谐

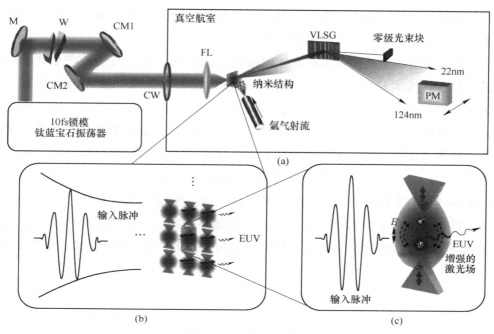

图 2.1 利用蝴蝶结型的金属纳米结构进行局域电场增强

并产生高次谐波的实验装置示意图[57]

（实验中图（b）所示二维纳米结构阵列被构筑在一块蓝宝石薄片上）

（a）整个实验装置的系统示意图；（b）蝴蝶结型的金属纳米结构的二维阵列的细节示意图；

（c）入射激光脉冲与单个金属纳米结构作用产生非均匀场并驱动原子发射高次谐波的过程示意图

CM——啁啾镜；CW——真空腔室的入射窗；FL——聚焦透镜；M——反射镜；PM——光电倍增管；

VLSG——变栅距光栅；W——楔板

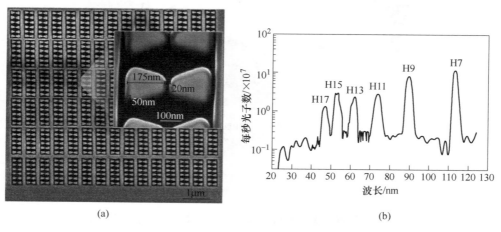

图 2.2 用来产生高次谐波的纳米结构阵列的扫描电子

显微镜图像（a）和实验测量到的高次谐波谱（b）[57]

波的特征相一致。因此，利用金属纳米结构所产生的非均匀场来实现气体原子的高次谐波发射在实验上是可行的。

蝴蝶结型的金属纳米结构在入射激光脉冲作用下可以有效地产生非均匀场，但在具体实验中也存在一些技术问题，比如在外部强激光脉冲的轰击下，热损坏和光学破坏等效应会使蝴蝶结型的纳米结构发生降解，随着入射激光持续时间的增长，蝴蝶结型纳米结构的几何构型会逐渐消失，这样，实验上高次谐波信号的寿命会非常短，甚至很难观测到，由此也曾引起一些争论[58]。为了克服蝴蝶结型纳米结构在实验上出现的技术困难，2011 年，Park In-Yong 等人采用了构筑在金属悬臂上的三维漏斗型波导来产生非均匀场，这一新的介于微米和纳米尺度之间的漏斗型结构在强激光场下可以抵御热损坏和光学破坏等负面效应，因此可以用来产生稳定的高次谐波。如图 2.3

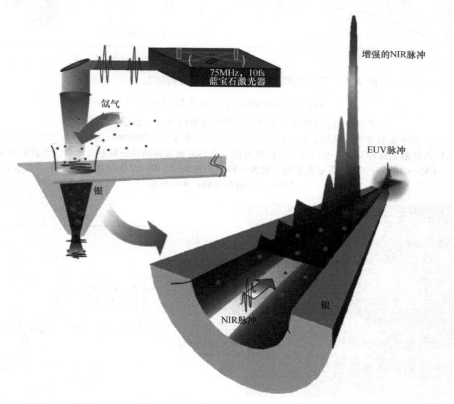

图 2.3　利用三维漏斗型金属波导来产生高次谐波的实验装置示意图及利用波导表面的等离子体增强入射激光场的过程示意图[59]

所示，三维漏斗型波导整体呈圆锥形，具有一个直径较大的入口和一个直径较小的出口。氙气体原子从波导的入口处被注入，再从出口处导出。当一个近红外的飞秒激光脉冲从入口处射入这个漏斗型波导后，会在波导的内表面形成等离子体，这时由光子和表面等离激元耦合而形成的表面等离激元极化子会沿着波导的几何形状逐渐汇聚到漏斗型波导的尖端，同时极大地增强尖端处的电场强度，即在波导出口处形成强度极高的非均匀场，当增强后的激光场强度超过了产生高次谐波的光强阈值，喷入的氙气体原子就会在波导出口处发射极紫外光脉冲。

图 2.4 展示了实验上在入射激光场强度仅为 1×10^{11} W/cm^2 的情况下，通过三维漏斗型波导的场增强效应所获得的高次谐波谱。从图中可以看到从第 15 阶次到第 43 阶次的谐波。而从漏斗型波导与蝴蝶结型纳米结构阵列的高次谐波光子计数对比图可以清楚地看到漏斗型波导具有更高的谐波发射效率且具有更高的谐波截止位置，这表明了漏斗型波导对增强入射激光强度的有效性。实验证明三维漏斗型波导可以用来替代蝴蝶结型的纳米结构阵列。

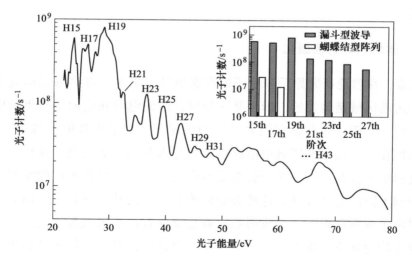

图 2.4　利用三维漏斗型波导的场增强效应得到的高次谐波谱[59]

（插图为漏斗型波导与蝴蝶结型纳米结构阵列所产生的

高次谐波的光子计数对比图）

2.2   理论研究非均匀场下高次谐波发射的方法和进展

自从 2008 年实验上首次利用金属纳米结构的局域场增强效应来产生高次谐波以来，等离子体非均匀场在极紫外光脉冲和阿秒物理方面的巨大应用潜力立即吸引了大量的关注，同时也引起一些争论，这些都促使实验技术的不断进步，然而，理论上对非均匀场下高次谐波发射的模型化工作直到 2011 年才由 A. Husakou 等人[60]完成。为了考虑金属纳米结构对高次谐波发射的影响，他们提出了一个简洁的近似方法来修正传统的 Lewenstein 强场近似模型，在这个模型中，蝴蝶结型纳米结构的几何尺寸及其产生的非均匀场的空间非均匀性都被考虑进来，通过模拟实验条件这个模型取得了与实验相一致的计算结果，这样实验和理论首次实现了相互验证。非均匀场简化模型的成功激起了后续的理论研究热潮，随后人们对非均匀场中高次谐波发射问题开展了大量的理论研究工作，其中，人们进一步发展和完善了相关理论方法，目前，模拟非均匀场中高次谐波发射的最常用的方法除了强场近似方法，还有数值求解含时薛定谔方程的方法，利用这些理论方法可以计算获得许多重要结果。

2.2.1   非均匀场的模型化

通常，在理论研究原子和分子的高次谐波发射时，都会假设激光电场在电子的运动区域是均匀的，即在某一瞬时，激光电场在空间中各点的强度都是一样的。然而，在有金属纳米结构的情况下，原子所处的区域十分狭小，纳米结构在这个狭窄的区域中形成了空间分布非均匀的电场，这样，电子在运动过程中不仅在不同的时刻会感受到电场的变化，且在不同的空间位置也会感受到不同的电场强度，这势必会影响到电子的动力学行为。而如果非均匀场对电子的重散射行为造成影响，就会反映在高次谐波发射上。因此，理论研究非均匀场下高次谐波发射的首要问题是如何将一个纳米结构中真实的非均匀场模型化。

非均匀场是由入射激光场驱动的纳米结构表面的等离子体所产生的，随着激光电场的不断变化，相应的纳米结构表面的等离子体所带的电荷也会随之变化，因此，非均匀场的电场强度就会随着入射激光脉冲电场强度的变化而变化。如果等离子体的变化能够跟上激光电场的变化，非均匀场就可以近似与入射激光场共用一个时间包络形式。而在某一瞬时，非均匀场就可被视为对该时刻下入射激光场的一个增强。A. Husakou 等人将这种场的增强视为对入射激光场在空间维度上的一阶微扰项，这样，就得到了非均匀场的简化模型，而总的叠加场可写为

$$E(t,x) = E(t)(1 + x/d_{\text{inh}})$$ （2.1）

式中，$E(t)$ 为入射激光场的电场形式；x 为空间坐标；d_{inh} 具有长度单位，其表征了非均匀场的非均匀程度，通常会定义参数 $\beta = 1/d_{\text{inh}}$ 表示非均匀场的非均匀程度。

在文献［60］中，利用这个包含有非均匀场贡献的激光电场强度表达式可以较好地模拟出与实验定性一致的结果。由于其数学形式简洁并且计算方便，式（2.1）被广泛地运用在对非均匀场下高次谐波发射的理论研究中。

但需要注意的是，真实的非均匀场不只是具有一阶的空间微扰项，而仍会具有更高阶的空间分布形式[61]，如果用函数 $g(x)$ 来表示非均匀场非均匀程度在空间中的分布包络，则加上入射激光场后总的叠加场形式为

$$E(t,x) = E(t)[1 + g(x)]$$ （2.2）

只要获得真实的非均匀场的空间分布形式 $g(x)$，就可以在更高的仿真程度下模拟纳米结构对激光场的增强效应。2012 年，M. F. Ciappina 等人[40] 利用基于有限元方法的 COMSOL 软件直接计算了三维蝴蝶结型金属纳米结构在激光场中产生的非均匀场，这个通过仿真得到的非均匀场更加接近真实情况。图 2.5 所示为理论上构建的三维蝴蝶结型金属纳米结构。

在具体的对高次谐波的计算中只考虑一维情况，同时，令 $g(x) = \sum_{i=1}^{N} b_i x^i$，再通过拟合仿真软件在纳米结构尖端连线上计算得到的非均匀场就可以确定系数 b_i，这样就得到了接近真实非均匀场的空间分布函数 $g(x)$，再根据式（2.2），就得到了最后的叠加场形式，而电子在纳米结构中所感受到的时间-空间电场就被完全确定下来。由此可知，通过采用更精确的模拟三维纳米结构的非均匀场的计算方法或软件，就可以提高函数 $g(x)$ 在描述非均匀场上的准确性和可信度。目前，这一构建非均匀场模型的方法也已被很多人采用。

在将非均匀场模型化之后，金属纳米结构对电子的作用就可以很方便地

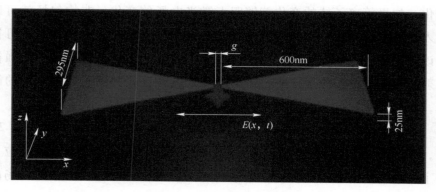

图 2.5　理论构建的三维蝴蝶结型纳米结构示意图[40]

（ g 代表两个尖端之间的间距）

包含在理论计算中，此外，通过调整理论计算中非均匀场的强度或纳米结构的几何参数，还可以模拟特定的实验条件，这会为实验结果的分析和解释提供便利，同时也会为实验提供指导作用。

2.2.2　非均匀场下高次谐波发射的理论研究进展

金属纳米结构在激光场增强和高次谐波发射上的巨大应用潜力不仅激励着人们不断在实验上寻找更优良的纳米结构和技术方案，也激发人们在理论上对非均匀场下可能发生的新的强场物理过程的探索。在过去的理论研究和人们的认识中，激光场都是被视为空间均匀的，而决定高次谐波发射的电子重散射过程也是在空间均匀的场中发生的，而金属纳米结构及其所产生的非均匀场的出现打破了这一传统电子重散射发生的基础条件，这就必然会带来不同的电子重散射动力学过程，进而为我们带来控制高次谐波发射和阿秒脉冲产生的新途径。由于实验研究对技术和设备都有较高的要求，因此，相对容易开展的理论研究对丰富非均匀场下高次谐波发射的认识就具有了重要意义。

自从 2011 年 A. Husakou 等人在理论上首次建立有效的非均匀场模型，关于非均匀场下高次谐波发射的理论研究迅速开展。首先，A. Husakou 等人发现除了纳米结构的场增强效应，非均匀场的非均匀性和纳米结构金属表面对电子的吸收都会对原子的高次谐波发射过程产生重要影响并极大地扩展谐波的截止位置，这对产生极紫外光脉冲有重要意义。2012 年，M. F. Ciappina

等人运用时频分析和半经典三步模型进一步解释了非均匀场对高次谐波截止位置的扩展作用，并发现在长波长的激光脉冲情况下非均匀场对谐波截止位置的扩展作用更明显[61]。同年，I. Yavuz 等人[62]通过数值求解薛定谔方程，提出利用非均匀场可以获得宽波段的极紫外连续谱，并发现非均匀场可以有效地压制发射高次谐波的长轨道，即实现了量子轨道选取，并产生了一个孤立阿秒脉冲。2013 年，J. A. Perez-Hernandez 等人[63]通过求解三维含时薛定谔方程模拟了氦原子的高次谐波发射过程，发现非均匀场对谐波截止位置的扩展已经超过了半经典极限，并可以产生光子能量超过"碳 K 边界"的相干极紫外光脉冲，这为探索原子内壳层电子动力学过程以及研究分子内部时间解析的阿秒光谱带来了可能。同年，He Lixin 等人[64]理论研究了少周期激光脉冲引起的非均匀场下高次谐波平台区的产额对入射激光波长的依赖性，发现了与均匀场不同的谐波产额关于激光波长的变化规律。Luo Jianghua 等人[65]研究了中红外的少周期激光脉冲驱动的非均匀场所产生的高次谐波发射，发现对于任意激光场载波包络相位均可合成超短的孤立阿秒脉冲。Wang Zhe 等人[66]理论研究了双色多周期非均匀激光场下高次谐波的发射和孤立阿秒脉冲的产生，发现非均匀场可以提高和展宽高次谐波的平台从而有利于产生阿秒脉冲。2014 年，Cao Xu 等人[67]通过求解三维含时薛定谔方程研究了非均匀双色激光场中的高次谐波发射，通过控制激光场的载波包络相位获得了光子能量达 1.5keV 的超宽超连续谐波谱，并获得脉宽达 8.8as 的孤立阿秒脉冲。目前，非均匀场下的高次谐波发射仍然是理论研究的一个热点话题，并有很多相关研究工作被发表[68~70]，这里不再一一介绍。

随着非均匀场理论模型的成熟和大量的针对各种不同体系的模拟计算，理论研究正不断推进人们对非均匀场中电子重散射动力学过程的认识，同时，也为实验上获得更宽的高次谐波谱以及更短的孤立阿秒脉冲提供了有价值的技术方案。可以预见，伴随着实验技术的进步和理论研究的不断丰富，人们对非均匀场中动力学过程的认识将不断深入，而非均匀场也将成为阿秒物理研究中的有力工具。

③ 高次谐波发射理论模型和计算方法

　　理论研究强激光场下原子高次谐波的发射过程，其本质就是要求解出电子波包在激光场中的整个动力学过程，特别是产生高次谐波的三个主要步骤：束缚电子波包发生电离、自由电子波包在激光场中运动和扩散、部分电子波包返回母离子并发射出光子。产生高次谐波的整个过程都是非微扰的且都是量子的，所以要想求得电子波包在每一时刻的动力学信息，就需要数值求解原子在强激光场中的含时薛定谔（Schrödinger）方程。然而，即使在只考虑一个电子的情况下，真实电子在空间上的运动仍然需要三个维度，而且电子在激光场中的运动范围也非常大，并且对于一般所使用的飞秒激光脉冲，电子还要演化相当长的时间，这些都要求数值计算中要有大量的空间格点和时间格点，这对计算机内存和运算速度提出了比较高的要求，也就增加了数值求解 Schrödinger 方程的难度。这就需要我们采用一定的理论模型和计算方法来降低计算量和提高计算速度，同时在计算中还要保持高次谐波发射过程中的主要物理特征。在本书中，将采用原子的一维模型来代替真实的三维原子，这样就大大降低了计算量。此外，本书还将采用由 M. D. Feit 等人[71] 提出的二阶分裂算符法来求解一维含时 Schrödinger 方程，该方法使用矩阵乘法代替了求解线性方程组的传统方法，从而大大提高了计算速度。这些理论模型和计算方法的使用将使计算过程更加高效，同时也可以很好地模拟出电子波包在激光场作用下的整个动力学过程。

3.1　偶极近似下的含时 Schrödinger 方程

　　在激光场作用下的单电子原子的含时 Schrödinger 方程可以用如下的形式表示：

$$i \frac{\partial}{\partial t} \psi(\boldsymbol{r}, t) = H(\boldsymbol{r}, t) \psi(\boldsymbol{r}, t) \tag{3.1}$$

$$H(\boldsymbol{r},t) = \frac{1}{2}\left[\boldsymbol{p} + \frac{1}{c}\boldsymbol{A}(\boldsymbol{r},t)\right]^2 + V(\boldsymbol{r}) + \phi(\boldsymbol{r},t) \qquad (3.2)$$

式中, $H(\boldsymbol{r}, t)$ 为 Hamilton; $\boldsymbol{p} = -\mathrm{i}\nabla$ 为动量算符; $\boldsymbol{A}(\boldsymbol{r}, t)$ 为激光场的矢势; $\phi(\boldsymbol{r}, t)$ 为激光场的标势; $V(\boldsymbol{r})$ 为原子的库仑势。

把 $\left[\boldsymbol{p} + \frac{1}{c}\boldsymbol{A}(\boldsymbol{r}, t)\right]^2$ 展开, 于是有

$$\begin{aligned}
\left[\boldsymbol{p} + \frac{1}{c}\boldsymbol{A}(\boldsymbol{r},t)\right]^2 &= \left[\boldsymbol{p} + \frac{1}{c}\boldsymbol{A}(\boldsymbol{r},t)\right] \cdot \left[\boldsymbol{p} + \frac{1}{c}\boldsymbol{A}(\boldsymbol{r},t)\right] \\
&= \boldsymbol{p}^2 + \frac{1}{c}\boldsymbol{p}\cdot\boldsymbol{A}(\boldsymbol{r},t) + \frac{1}{c}\boldsymbol{A}(\boldsymbol{r},t)\cdot\boldsymbol{p} + \frac{1}{c^2}\boldsymbol{A}^2(\boldsymbol{r},t)
\end{aligned}$$

$$(3.3)$$

对于库仑规范 $\nabla \cdot \boldsymbol{A} = 0$, 并使 $\phi(\boldsymbol{r}, t) = 0$, 则

$$\begin{aligned}
\nabla \cdot [\boldsymbol{A}(\boldsymbol{r},t)\psi(\boldsymbol{r},t)] &= \boldsymbol{A}(\boldsymbol{r},t) \cdot \nabla\psi(\boldsymbol{r},t) + \psi(\boldsymbol{r},t)\nabla\cdot\boldsymbol{A}(\boldsymbol{r},t) \\
&= \boldsymbol{A}(\boldsymbol{r},t) \cdot \nabla\psi(\boldsymbol{r},t)
\end{aligned} \qquad (3.4)$$

由于 $\boldsymbol{p} = -\mathrm{i}\nabla$, 则

$$\begin{aligned}
\left[\boldsymbol{p} + \frac{1}{c}\boldsymbol{A}(\boldsymbol{r},t)\right]^2 &= \boldsymbol{p}^2 + \frac{1}{c}\boldsymbol{p}\cdot\boldsymbol{A}(\boldsymbol{r},t) + \frac{1}{c}\boldsymbol{A}(\boldsymbol{r},t)\cdot\boldsymbol{p} + \frac{1}{c^2}\boldsymbol{A}^2(\boldsymbol{r},t) \\
&= -\nabla^2 - \frac{2\mathrm{i}}{c}\boldsymbol{A}(\boldsymbol{r},t)\cdot\nabla + \frac{1}{c^2}\boldsymbol{A}^2(\boldsymbol{r},t)
\end{aligned} \qquad (3.5)$$

所以式 (3.2) 可以变为

$$H(\boldsymbol{r},t) = \frac{1}{2}\left[-\nabla^2 - \frac{2\mathrm{i}}{c}\boldsymbol{A}(\boldsymbol{r},t)\cdot\nabla + \frac{1}{c^2}\boldsymbol{A}^2(\boldsymbol{r},t)\right] + V(\boldsymbol{r}) \qquad (3.6)$$

把激光场的矢势当成平面波的叠加:

$$\boldsymbol{A}(w,\boldsymbol{r},t) = \boldsymbol{A}_0(w)\left[\mathrm{e}^{\mathrm{i}(\boldsymbol{k}\cdot\boldsymbol{r}-wt)} + \mathrm{e}^{-\mathrm{i}(\boldsymbol{k}\cdot\boldsymbol{r}-wt)}\right] \qquad (3.7)$$

并且设所有平面波的传播矢量 $\boldsymbol{k}$ 的方向一致: $\boldsymbol{A}_0(w) = A_0(w)\boldsymbol{\varepsilon}$, 则激光场的矢势可以表示为

$$\begin{aligned}
\boldsymbol{A}(\boldsymbol{r},t) &= \int_{\Delta w} \boldsymbol{A}_0(w)\left[\mathrm{e}^{\mathrm{i}(\boldsymbol{k}\cdot\boldsymbol{r}-wt)} + \mathrm{e}^{-\mathrm{i}(\boldsymbol{k}\cdot\boldsymbol{r}-wt)}\right]\mathrm{d}w \\
&= \int_{\Delta w} A_0(w)\boldsymbol{\varepsilon}\left[\mathrm{e}^{\mathrm{i}(\boldsymbol{k}\cdot\boldsymbol{r}-wt)} + \mathrm{e}^{-\mathrm{i}(\boldsymbol{k}\cdot\boldsymbol{r}-wt)}\right]\mathrm{d}w \\
&= \int_{\Delta w} A_0(w)\boldsymbol{\varepsilon}\left[\mathrm{e}^{-\mathrm{i}wt}(1 + \mathrm{i}\boldsymbol{k}\cdot\boldsymbol{r} - \cdots) + \mathrm{e}^{\mathrm{i}wt}(1 - \mathrm{i}\boldsymbol{k}\cdot\boldsymbol{r} + \cdots)\right]\mathrm{d}w
\end{aligned}$$

$$(3.8)$$

由于实验上通常所采用的激光场的波长为几百个纳米，而电子波包在空间上的尺度仅为几个埃，故可引入偶极近似，令 $\boldsymbol{k} \cdot \boldsymbol{r} \ll 1$，则式（3.8）可以写为

$$A(t) = \int_{\Delta w} \boldsymbol{A}_0(w)(\mathrm{e}^{-\mathrm{i}wt} + \mathrm{e}^{\mathrm{i}wt})\,\mathrm{d}w \qquad (3.9)$$

所以，含时 Schrödinger 方程可以表示为

$$\mathrm{i}\frac{\partial}{\partial t}\psi(\boldsymbol{r},t) = \left[-\frac{1}{2}\nabla^2 - \frac{\mathrm{i}}{c}\boldsymbol{A}(t)\cdot\nabla + \frac{1}{2c^2}\boldsymbol{A}^2(t) + V(\boldsymbol{r})\right]\psi(\boldsymbol{r},t)$$

$$(3.10)$$

之后引入一个幺正变换：

$$\psi(\boldsymbol{r},t) = \mathrm{e}^{-\frac{\mathrm{i}}{2c^2}\int A^2(t)\,\mathrm{d}t}\,\Psi(\boldsymbol{r},t) \qquad (3.11)$$

所以式（3.10）可以化为

$$\mathrm{i}\frac{\partial}{\partial t}\Psi(\boldsymbol{r},t) = \left[-\frac{1}{2}\nabla^2 - \frac{\mathrm{i}}{c}\boldsymbol{A}(t)\cdot\nabla + V(\boldsymbol{r})\right]\Psi(\boldsymbol{r},t) \qquad (3.12)$$

该方程为电子在速度规范（velocity gaug）下的含时 Schrödinger 方程。那么，如果对式（3.10）引入这样的一个幺正变换：

$$\psi(\boldsymbol{r},t) = \mathrm{e}^{-\frac{\mathrm{i}}{c}\boldsymbol{A}\cdot\boldsymbol{r}}\psi_{\mathrm{L}}(\boldsymbol{r},t) \qquad (3.13)$$

则式（3.10）可以化为

$$\mathrm{i}\frac{\partial}{\partial t}\psi_{\mathrm{L}}(\boldsymbol{r},t) = \left[-\frac{1}{2}\nabla^2 - \frac{1}{c}\frac{\partial\boldsymbol{A}(t)}{\partial t}\cdot\boldsymbol{r} + V(\boldsymbol{r})\right]\psi_{\mathrm{L}}(\boldsymbol{r},t) \qquad (3.14)$$

又由激光电场 $\boldsymbol{E}(t) = -\frac{1}{c}\dfrac{\mathrm{d}\boldsymbol{A}(t)}{\mathrm{d}t}$，可得

$$\mathrm{i}\frac{\partial}{\partial t}\psi_{\mathrm{L}}(\boldsymbol{r},t) = \left[-\frac{1}{2}\nabla^2 + \boldsymbol{E}\cdot\boldsymbol{r} + V(\boldsymbol{r})\right]\psi_{\mathrm{L}}(\boldsymbol{r},t) \qquad (3.15)$$

式（3.15）就是在偶极近似和长度规范下的含时 Schrödinger 方程。

3.2 原子模型势和激光场

在真实的激光场与原子相互作用中，电子的运动是三维的。然而数值求解三维含时 Schrödinger 方程的计算量非常大，并需要大量的计算资源，这严重限制了理论研究的开展。1989 年，J. H. Eberly 等人[72]提出在计算激光场与原子相互作用时可以用一维模型原子来替代真实的三维原子，因为如果所

用的激光场是线性偏振的，激光对电子的作用就主要在偏振方向上，这样，激光对电子的作用就可视为一维的，而含时 Schrödinger 方程也可被简化为一维的。对于这样一个原子模型势，为了使其能够产生与真实原子相一致的能级结构（特别是要保证原子基态能级一致），就需要额外的参数来调整模型势的深度和形状。为此，Eberly 等人采用了软化库仑势，并利用软核参数在避免数值奇点的同时起到了调整模型势深度的作用。经过计算和验证，这种一维的软化库仑势可以很好地模拟出多种原子、离子和分子的基态能级甚至激发态能级的结构。而且，利用软化库仑势计算高次谐波发射，也可以得到与实验相一致的计算结果。因此，在理论研究强场中原子分子的动力学过程中，软化库仑势被广泛地采用。在本书中，也将采用一维的软化库仑势，并通过求解相应的一维含时 Schrödinger 方程来模拟高次谐波发射过程。通常，一维软化库仑势可写为

$$V(x) = -\frac{z}{\sqrt{x^2 + a}} \tag{3.16}$$

式中，z 和 a 均为软核参数，根据不同的原子或离子种类，设定不同的数值以符合相应的基态能量。例如，当 $z = 2$，$a = 0.5$ 时，对应的基态能量为 54.4eV，与真实的 He$^+$ 基态能相对应。

在一维计算中，入射激光场只能是线性偏振的。对于一个单色的激光脉冲，其电场矢量随时间的变化可表示为

$$E(t) = E_0 f(t) \sin(\omega t + \varphi) \tag{3.17}$$

式中，E_0 和 ω 分别为激光场的电场强度和圆频率；$f(t)$ 为激光场的包络函数；φ 为激光脉冲的载波包络相位。

在理论计算中，当这些参数全部都给定后，一个激光脉冲就被确定了。而在实验上可实现的有意义的激光脉冲还应该满足如下条件[83]：

$$\int_0^\tau A(t)\,\mathrm{d}t = 0, \int_0^\tau E(t)\,\mathrm{d}t = 0 \tag{3.18}$$

所以，在本书中，激光脉冲选取高斯型的包络函数，即

$$f(t) = \exp[-4(\ln 2)t^2/\tau^2] \tag{3.19}$$

式中，τ 为激光脉冲的半高全宽。

此外，为了方便计算，理论上还常采用 $\sin^2$ 型的激光脉冲包络，即

$$f(t) = \sin^2\left(\frac{\pi t}{T}\right) \tag{3.20}$$

式中，T 为激光脉冲的持续时间。

与高斯型包络不同，这种包络函数具有确定的时间起点和终点。在本书中，将主要用到这两种形式的激光脉冲包络函数。

3.3 求解初始波函数的虚时演化方法

在本书中的讨论对象是一维模型原子，在没有外场作用下的定态 Schrödinger 方程没有解析解，所以采用虚时演化法求解定态 Schrödinger 方程的初始波函数。一维定态 Schrödinger 方程如下：

$$\begin{cases} \left(\dfrac{1}{2}\hat{p}^2 + V(x) \right) \psi(x) = E\psi(x) \\ \psi(x) = 0, x = \pm\infty \end{cases} \tag{3.21}$$

该方法的基本思想为：采用求解含时波函数的方法来求解定态 Schrödinger 方程，首先将时间步长 Δt 用 $-\mathrm{i}\Delta t$ 代替，并给定一个任意初始波函数，然后经过不断的时间步演化之后，最终可以演化出最稳定的基态。有了基态波函数之后，就可以利用相同的方法演化出其他束缚态的波函数。

含时 Schrödinger 方程为

$$\begin{cases} \left(\dfrac{1}{2}\hat{p}^2 + V(x) \right) \psi(x,t) = \mathrm{i}\dfrac{\partial \psi(x,t)}{\partial t} \\ \psi(x,0) = \phi_0 \end{cases} \tag{3.22}$$

式中，$\dfrac{1}{2}\hat{p}^2$ 为动能项；$V(x)$ 为势能项；ϕ_0 为任意初始波函数。

式（3.22）的形式解如下：

$$\psi(x, t_0 + \Delta t) = \mathrm{e}^{-\mathrm{i}\left(\frac{p^2}{2}+V\right)\Delta t} \psi(x, t_0) \tag{3.23}$$

通过分裂算符法对式（3.23）中的指数算符进行劈裂，并把 Δt 用 $-\mathrm{i}\Delta t$ 代替，所以有：

$$\psi(x, t_0 + \Delta t) = \mathrm{e}^{-\frac{p^2}{4}\Delta t} \mathrm{e}^{-V\Delta t} \mathrm{e}^{-\frac{p^2}{4}\Delta t} \psi(x, t_0) + O(\Delta t)^3 \tag{3.24}$$

从式（3.24）可以看出，从 t_0 时刻到 $t_0 + \Delta t$ 时刻的波函数需要经过三个步骤求得。

第一个步骤，利用快速傅里叶变换（fast fourier transform，FFT）将 t_0 时

刻的波函数 $\psi(x, t_0)$ 由坐标空间转换到动量空间的波函数 $\psi(p, t_0)$，并且与 $e^{-\frac{p^2}{4}\Delta t}$ 相乘，就得到了 $\psi_1(p, t_0)$。

第二个步骤，利用快速傅里叶逆变换（inverse fast fourier transform, IFFT）将在第一步中得到的波函数 $\psi_1(p, t_0)$ 由动量空间转换到坐标空间的波函数 $\psi_1(x, t_0)$，并且与 $e^{-V\Delta t}$ 相乘，然后得到 $\psi_2(x, t_0)$。

第三个步骤，继续利用 FFT 将第二步中得到的 $\psi_2(x, t_0)$ 由坐标空间转换到动量空间的波函数 $\psi_2(p, t_0)$，并且与 $e^{-\frac{p^2}{4}\Delta t}$ 相乘，然后得到 $\psi(p, t_0 + \Delta t)$。

最后，再一次利用 IFFT 使波函数 $\psi(p, t_0 + \Delta t)$ 由动量空间转换到坐标空间的波函数 $\psi(x, t_0 + \Delta t)$，由此得到 $t_0 + \Delta t$ 时刻的波函数。不断重复上面的过程，在经过 m 个时间步（Δt）演化之后，如果满足下式：

$$| \psi(x, t_0 + m\Delta t) - \psi(x, t_0 + (m-1)\Delta t) | \leqslant \varepsilon \quad (\varepsilon \to 0) \quad (3.25)$$

那么，$\psi(x, t_0 + m\Delta t)$ 是要求的基态波函数，则其相应的本征能量为

$$E = \int_{-\infty}^{+\infty} \psi^*(x) \left[-\frac{1}{2}\frac{d^2}{dx^2} + V(x) \right] \psi(x) dx \quad (3.26)$$

现给出关于利用虚时演化法求解基态波函数的证明过程。详情如下：

设定态 Schrödinger 方程（3.21）的本征值和本征函数分别如下：

$$\begin{cases} E_0 < E_1 < E_2 < \cdots < E_n \\ \varphi_0, \varphi_1, \varphi_2, \cdots, \varphi_n \end{cases} \quad (3.27)$$

把任一波函数 ϕ_0 按定态 Schrödinger 方程的本征函数作展开

$$\phi_0 = \sum_n c_n \varphi_n \quad (3.28)$$

因为哈密顿量中不含时间，所以含时 Schrödinger 方程（3.22）的解可以写成：

$$\psi(x, t_0 + \Delta t) = e^{-iH\Delta t}\psi(x, t_0) \quad (3.29)$$

式中，$H = \frac{1}{2}\hat{p}^2 + V(x)$，令 $\Delta t = -i\Delta t$，则式（3.29）变为

$$\psi(x, t_0 + \Delta t) = e^{-H\Delta t}\psi(x, t_0) \quad (3.30)$$

任意一个波函数 ϕ_0 经过 m 个 Δt 时间演化之后的波函数为 $\psi(x, t)$，即

$$\psi(x, t) = \overbrace{e^{-H\Delta t}\cdots e^{-H\Delta t}e^{-H\Delta t}}^{m}\phi_0$$

$$= \overbrace{e^{-H\Delta t}\cdots e^{-H\Delta t}}^{m-1}e^{-H\Delta t}\phi_0$$

$$= \overbrace{e^{-H\Delta t} \cdots e^{-H\Delta t}}^{m-1} e^{-H\Delta t} \sum_n c_n \varphi_n$$

$$= \overbrace{e^{-H\Delta t} \cdots e^{-H\Delta t}}^{m-1} \sum_n c_n e^{-E_n \Delta t} \varphi_n$$

$$= \overbrace{e^{-H\Delta t} \cdots e^{-H\Delta t}}^{m-1} e^{-E_0 \Delta t} \sum_n c_n e^{(E_0-E_n)\Delta t} \varphi_n \qquad (3.31)$$

因为要消除 $e^{-E_0 \Delta t}$ 的影响，所以每走一个时间步就要做一次归一化。

$$\psi(x,t) = \overbrace{e^{-H\Delta t} e^{-H\Delta t} \cdots e^{-H\Delta t}}^{m-2} e^{-H\Delta t} \sum_n c_n e^{(E_0-E_n)\Delta t} \varphi_n$$

$$= \overbrace{e^{-H\Delta t} e^{-H\Delta t} \cdots e^{-H\Delta t}}^{m-2} \sum_n c_n e^{(E_0-E_n)\Delta t} e^{-E_n \Delta t} \varphi_n$$

$$= \overbrace{e^{-H\Delta t} e^{-H\Delta t} \cdots e^{-H\Delta t}}^{m-2} \sum_n c_n e^{(E_0-2E_n)\Delta t} \varphi_n$$

$$= \overbrace{e^{-H\Delta t} e^{-H\Delta t} \cdots e^{-H\Delta t}}^{m-2} e^{-E_0 \Delta t} \sum_n c_n e^{(E_0-E_n)2\Delta t} \varphi_n$$

$$\vdots$$

$$\psi(x,t) = \sum_n c_n e^{(E_0-E_n)m\Delta t} \varphi_n$$

$$= c_0 \varphi_0 + c_1 e^{(E_0-E_1)m\Delta t} \varphi_1 + \cdots + c_n e^{(E_0-E_n)m\Delta t} \varphi_n \qquad (3.32)$$

因为 $E_0 < E_1 < E_2 < \cdots < E_n$，所以 $E_0 - E_1 < 0$，$E_0 - E_2 < 0$，$\cdots$，$E_0 - E_n < 0$，当 $m \to \infty$ 时，则有 $e^{(E_0-E_1)m\Delta t} \to 0$，$e^{(E_0-E_2)m\Delta t} \to 0$，$\cdots$，$e^{(E_0-E_n)m\Delta t} \to 0$，因此 $\psi(x, t) = c_0 \varphi_0$，对其归一化即得基态波函数 φ_0。

接下来给出激发态的求解过程，设 ϕ_0 为试探波函数，并按照原子的各激发态波函数做展开，有

$$\phi_0 = c_0 \varphi_0 + c_1 \varphi_1 + \cdots + c_n \varphi_n \qquad (3.33)$$

式中，φ_0 为基态波函数，将式（3.30）两边用 φ_0^* 左乘得到 $c_0 = \int \varphi_0^* \phi_0 \mathrm{d}x$。令 $\phi_0' = \phi_0 - c_0 \varphi_0$，并且把 ϕ_0' 当作初始波函数，经过如上的无穷多步时间演化后就可以得到第一激发态波函数 φ_1，证明如上。那么如果出现另外一种情况，即得到的 φ_0、φ_1 和 φ_2 不是正交的，那就可以利用如下所示的 Schmidt 正交化公式来让它们彼此正交：

$$
\begin{cases}
\boldsymbol{\Psi}_1 = \boldsymbol{\varphi}_1 \\[2mm]
\boldsymbol{\Psi}_2 = \boldsymbol{\varphi}_2 - \dfrac{(\boldsymbol{\varphi}_2, \boldsymbol{\Psi}_1)}{(\boldsymbol{\Psi}_1, \boldsymbol{\Psi}_1)} \boldsymbol{\Psi}_1 \\[4mm]
\boldsymbol{\Psi}_3 = \boldsymbol{\varphi}_3 - \dfrac{(\boldsymbol{\varphi}_3, \boldsymbol{\Psi}_1)}{(\boldsymbol{\Psi}_1, \boldsymbol{\Psi}_1)} \boldsymbol{\Psi}_1 - \dfrac{(\boldsymbol{\varphi}_3, \boldsymbol{\Psi}_2)}{(\boldsymbol{\Psi}_2, \boldsymbol{\Psi}_2)} \boldsymbol{\Psi}_2
\end{cases}
\tag{3.34}
$$

如此就得到了正交的 φ_0、φ_1 和 φ_2，而 φ_1、φ_2 即为原子的第一激发态和第二激发态的波函数，如果要求得更高的激发态波函数，只需重复上面的步骤即可。

3.4 求解一维含时 Schrödinger 方程的二阶分裂算符方法

在一维模型中，采用偶极近似规范和长度规范下的含时 Schrödinger 方程可表示为

$$
\mathrm{i}\,\frac{\partial}{\partial t}\psi(x,t) = \left(\frac{1}{2}\hat{p}^2 + V\right)\psi(x,t)
\tag{3.35}
$$

式中，$\dfrac{1}{2}\hat{p}^2$ 为动能项；$V = V(x) - xE(t)$ 为势能项，并且势能项包括两个部分：$V(x)$ 为原子势，$-xE(t)$ 为激光与原子间的相互作用势 $-xE(t)$。

方程（3.35）的形式解如下所示：

$$
\psi(x, t_0 + \Delta t) = \mathrm{e}^{-\mathrm{i}\left(\frac{p^2}{2} + V\right)\Delta t}\psi(x, t_0)
\tag{3.36}
$$

通过分裂算符法（split-operator method），将式（3.36）中的 $\mathrm{e}^{-\mathrm{i}\left(\frac{p^2}{2}+V\right)\Delta t}$ 劈裂，则可以得到：

$$
\psi(x, t_0 + \Delta t) = \mathrm{e}^{-\mathrm{i}\frac{p^2}{4}\Delta t}\,\mathrm{e}^{-\mathrm{i}V\Delta t}\,\mathrm{e}^{-\mathrm{i}\frac{p^2}{4}\Delta t}\psi(x, t_0) + O(\Delta t)^3
\tag{3.37}
$$

所以，当知道了 t_0 时刻的初态波函数，那就可以通过类似虚时演化法的三个步骤得到任意时刻的波函数。

第一步，$\psi(x, t_0) \underset{\text{FFT}}{\longrightarrow} \psi(p, t_0) \underset{\mathrm{e}^{-\mathrm{i}\frac{p^2}{4}\Delta t}}{\longrightarrow} \psi_1(p, t_0)$，即利用 FFT，将 t_0 时刻的波函数 $\psi(x, t_0)$ 由坐标空间转换到动量空间的波函数 $\psi(p, t_0)$，并且与 $\mathrm{e}^{-\mathrm{i}\frac{p^2}{4}\Delta t}$ 相乘，就得到了 $\psi_1(p, t_0)$。

第二步，$\psi_1(p, t_0) \underset{\text{IFFT}}{\longrightarrow} \psi_1(x, t_0) \underset{\mathrm{e}^{-\mathrm{i}V\Delta t}}{\longrightarrow} \psi_2(x, t_0)$，即利用 IFFT，将在第一

步中得到的波函数 $\psi_1(p, t_0)$ 由动量空间转换到坐标空间的波函数 $\psi_1(x, t_0)$，并且与 $e^{-iV\Delta t}$ 相乘，然后得到 $\psi_2(x, t_0)$。

第三步，$\psi_2(x, t_0) \underset{FFT}{\rightarrow} \psi_2(p, t_0) \underset{e^{-i\frac{p^2}{4}\Delta t}}{\rightarrow} \psi(p, t_0 + \Delta t)$，即再次利用 FFT，将第二步中得到的 $\psi_2(x, t_0)$ 由坐标空间转换到动量空间的波函数 $\psi_2(p, t_0)$，并且与 $e^{-i\frac{p^2}{4}\Delta t}$ 相乘，然后得到 $\psi(p, t_0 + \Delta t)$。

最后，再一次利用 IFFT 使波函数 $\psi(p, t_0 + \Delta t)$ 由动量空间转换到坐标空间的波函数 $\psi(x, t_0 + \Delta t)$，由此得到 $t_0 + \Delta t$ 时刻的波函数。

通常还要采用 $\cos^{\frac{1}{8}}$ 形式的面具函数来消除波函数在空间边界发生反射对计算结果产生的影响，面具函数的形式如下：

$$mask(x) = \begin{cases} \cos^{\frac{1}{8}}\left[\dfrac{\pi|x + x_1|}{2\left(-\dfrac{l}{2} + x_1\right)}\right] & x \leqslant -x_1 \\ 1 & -x_1 < x < x_1 \\ \cos^{\frac{1}{8}}\left[\dfrac{\pi|x - x_1|}{2\left(\dfrac{l}{2} - x_1\right)}\right] & x \geqslant x_1 \end{cases} \tag{3.38}$$

求解出波函数后，就可以求解相关的物理量，诱导偶极矩阵元有两种形式，一种是长度形式；另一种是加速度形式。它们的表达式分别如下：

$$d(t) = \langle \psi(x,t) | x | \psi(x,t) \rangle \tag{3.39}$$

$$a(t) = \frac{d^2}{dt^2} \langle \psi(x,t) | x | \psi(x,t) \rangle$$

$$= \langle \psi(x,t) | -\frac{dV(x)}{dx} + E(t) | \psi(x,t) \rangle \tag{3.40}$$

相对应的，高次谐波功率谱也有长度和加速度两种形式，其中长度形式为

$$p_1(\omega) = \left| \frac{1}{T - t_0} \int_0^T d(t) e^{-i\omega t} dt \right|^2 \tag{3.41}$$

加速度形式为

$$p_a(\omega) = \left| \frac{1}{T - t_0} \int_0^T a(t) e^{-i\omega t} dt \right|^2 \tag{3.42}$$

除计算出高次谐波功率谱，还要分析电子的电离时刻来解释高次谐波的

发射机制，因此，在得到某一时刻电子的波函数后，要从中抽取出原子在该时刻的电离状态信息，即计算原子的电离概率。这里，首先将该时刻的电子波函数向电子的各个束缚态做投影，再求得电子处于各束缚态的概率，即得到束缚态电子的布居概率：

$$P_n = \left| <\varphi_n(x)\,|\,\psi(x,t)> \right|^2 \qquad (3.43)$$

再将所有的束缚态概率求和得到原子没有发生电离的概率，这样，原子的电离概率即为

$$P_{ion} = 1 - \sum_{bound} \left| <\varphi_n(x)\,|\,\psi(x,t)> \right|^2 \qquad (3.44)$$

在求得高次谐波功率谱后，通过选取一定级次范围内的谐波并做叠加，就可以得到阿秒脉冲，阿秒脉冲在时域上的分布可表示为

$$I(t) = \left| \sum_q a_q e^{iq\omega t} \right|^2 \qquad (3.45)$$

式中，q 为谐波阶次，$a_q = \int a(t) e^{-iq\omega t} dt$。

3.5　Molet 小波变换方法

由于原子可以在激光脉冲中的不同时刻发生电离（一般为激光电场的每个极大值时刻），而且每一次电离产生的波包都具有一定的空间尺寸且随着运动会发生扩散，这些会造成不同的电子波包以及同一电子波包的不同波前在返回母离子时存在复合时间上的差异，这个差异就会使原子在不同时刻上发射高次谐波，而每一时刻都可能会有不同阶次（对应不同频率）的谐波发射出来，即高次谐波发射的功率是同时分布在时域和频域上的。虽然由式（3.41）和式（3.42）得到的高次谐波功率谱可以直接与实验结果比对，但它仅反映了高次谐波在频域上的分布情况，所以要完整地展现出高次谐波发射的物理特性，就需要在时域和频域上同时对高次谐波进行分析，而小波变换正提供了这样的数学分析工具。

小波变换是从 Fourier 分析[73]发展而来的。在 Fourier 分析中，如果一个信号或函数 $f(t)$ 在任意有限区间上满足狄拉克雷条件且在 $(-\infty, \infty)$ 上绝对可积，就可以通过 Fourier 变换将时域上的函数 $f(t)$ 变换到频域上，即

$$f(\omega) = \int_{-\infty}^{\infty} f(t) e^{-i\omega t} dt \tag{3.46}$$

从式（3.46）中可以看到，频域上的函数 $f(\omega)$ 是时域上的函数 $f(t)$ 在 $(-\infty, \infty)$ 上积分得到的，这样，$f(\omega)$ 就依赖于 $f(t)$ 在整个时域上的变化情况，所以 $f(\omega)$ 只能反映出函数 $f(t)$ 整体的频率统计特性而不能给出函数在局部上的频率信息，即 Fourier 变换无法进行时域-频域同时分析。1946年，Gabor 提出了短时 Fourier 变换技术。在 Gabor 变换中，为了分析函数 $f(t)$ 在局部时域上的频率分布情况，在 Fourier 变换中引入了一个可滑动的窗函数 $g(t-\tau)$，即

$$G(\omega, \tau) = \int_{-\infty}^{\infty} f(t) g(t-\tau) e^{-i\omega t} dt \tag{3.47}$$

式中，$g(t) = \pi^{-1/4} e^{-t^2/2}$ 具有高斯函数的形式。窗函数 $g(t-\tau)$ 确定了进行局域分析的时间点和时间范围，通过在时间轴上滑动这个窗口，就能对每一时刻附近的频率变化情况进行统计，即实现了对函数在时域和频域上的同时分析。然而，Gabor 变换也具有明显的缺点，其对不同的频率所定义的窗口宽度都是一样的，而事实上，频率越高窗口应该越窄以增加对高频振荡的时间分辨率，反之频率越低窗口就应该越宽以增加统计频率的时间范围来提高频率分辨率。为了克服 Gabor 变换的局限性，人们后来又发展了 Morlet 小波变换。

1974 年，法国地质学家 J. Morlet 在研究地下岩石油层分布时，首次提出了小波变换的概念，随后，数学家 Y. Meyer 和 S. Mallat 建立了构造小波基的统一方法和多尺度分析，自此，小波分析快速发展，并被成功运用到信息信号处理、物理学、地震监测分析、图像处理和计算机科学等多个应用领域，推动了现代科学技术的进步。在 Morlet 小波变换中，窗函数的窗口宽度是随着频率自动变化的，即当信号的频率变高，窗口就会自动变窄；而当频率变低时，窗口会随之放宽，这样，就分别满足了高低频信号对时间分辨率和频率分辨率的不同要求。因此，Morlet 小波变换是对信号进行时域-频域联合分析的有效工具。在高次谐波研究中，人们也经常利用 Morlet 小波变换对高次谐波进行时频分析，其表示如下：

$$A(t_0, \omega) = \int_{-\infty}^{\infty} f(t) w_{t_0, \omega}(t) dt \tag{3.48}$$

式中，$w_{t_0,\omega}(t)$ 是小波变换的核，可表示为

$$w_{t_0,\omega}(t) = \sqrt{\omega}\, W[\omega(t - t_0)] \tag{3.49}$$

式中，$W(x) = (1/\sqrt{\tau})\, e^{ix} e^{-x^2/2\tau^2}$。

3.6 半经典三步模型的推导

如 1.3.2 节所述，原子发射高次谐波的根本原因是电子的重散射，因此研究高次谐波发射的关键问题就是如何分析电子的重散射以及如何控制电子的重散射以达到对高次谐波发射进行调控的目的。半经典三步模型为我们提供了分析电子重散射过程的重要理论工具。

简单说来，半经典三步模型主要有这样几个过程：第一步，原子发生电离；第二步，电子在激光场中运动并获得能量；第三步，电子被激光场拉回母离子发生复合并发射出高次谐波光子。根据三步模型的物理图像，发射出的这个光子的能量应该等于电子从连续态跃迁到基态的能量（也就是电离能）再加上电子在激光场中额外获得的能量，这个额外获得的能量就表现为电子在复合时刻所具有的动能。在三步模型中，电子电离后的运动是完全经典的且只受激光电场的作用，因此，电子在激光场中的运动完全可由牛顿运动方程决定，这样，就可以通过求解牛顿方程找到可以发生回复的经典电子轨道，再求解出电子在回复时刻的速度和动能，就可以计算出发射谐波光子的能量。通过计算可以发现在这些发生回复的经典轨道中，可以产生的最大光子能量为 $E_{cutoff} = I_p + 3.17U_p$，这里，$I_p$ 为原子电离势；$3.17U_p$ 为电子在激光场中所能获得的最大动能；E_{cutoff} 为高次谐波的截止位置，这一截止位置可以与实验观测到的谐波截止位置很好得吻合，这就证明了半经典三步模型在解释重散射过程上的有效性。下面将简要介绍半经典三步模型的推导过程，并证明上述谐波截止规律。

为方便起见，这里设激光场为单色平面波，其形式为

$$E(t) = E_0 \cos(\omega t) \tag{3.50}$$

式中，E_0 和 ω 分别为激光场的电场强度和圆频率。

在半经典三步模型中，只给出假设的电离电子的初始位置和速度，并不对原子的电离过程做任何具体的讨论，而只关注电子在电离后的动力学行

为，并认为电子的重散射过程完全由外界激光场驱动，这样，电子在激光场中的运动就服从方程：

$$\frac{\mathrm{d}^2 x}{\mathrm{d} t^2} = E_0 \cos(\omega t) \tag{3.51}$$

通常设电子在电离后的初始位置和速度均为零，这样，t 时刻电子的速度和位移可表示为

$$v(t) = \int_{t_0}^{t} E_0 \cos(\omega t) \mathrm{d} t \tag{3.52}$$

$$x(t) = \int_{t_0}^{t} v(t) \mathrm{d} t = \int_{t_0}^{t} \left[\int_{t_0}^{t} E_0 \cos(\omega t) \mathrm{d} t \right] \mathrm{d} t \tag{3.53}$$

经积分，可得

$$v(t) = \frac{E_0}{\omega} [\sin(\omega t) - \sin(\omega t_0)] \tag{3.54}$$

$$x(t) = -\frac{E_0}{\omega^2} [\cos(\omega t) - \cos(\omega t_0) + \omega(t - t_0)\sin(\omega t_0)] \tag{3.55}$$

对于 t_0 时刻电离的电子，若电子在 t_r 时刻回复到母离子，则需满足方程 $x(t_r) = 0$，通过求解这个方程即可求得与电离时刻 t_0 相对应的回复时刻 t_r，再将 t_r 代回式（3.54）中即可求得电子回复时的速度以及动能：

$$E_k = \frac{1}{2} v^2(t_r) = \frac{E_0^2}{2\omega^2} [\sin(\omega t_r) - \sin(\omega t_0)]^2$$

$$= 2 U_p [\sin(\omega t_r) - \sin(\omega t_0)]^2 \tag{3.56}$$

在求得电子回复时的动能 E_k 后，就可以得到 E_k 同电子电离时刻 t_0 和回复时刻 t_r 的关系图，如图 3.1 所示。从图中可以清楚地看到电子回复时所能达到的最大动能为 $3.17 U_p$，这样，谐波的截止位置就为 $E_{cutoff} = I_p + 3.17 U_p$。从图中还可以清楚地看到电子回复的长轨道和短轨道，这与 1.3.2 节中所述是一致的。

半经典三步模型为人们分析强激光场作用下电子的动力学过程及高次谐波的产生机制提供了绝佳途径。而将三步模型和小波变换结合起来可以对高次谐波的整个发射过程给出更完整的物理图像，目前，这两种方法已经成为理论研究高次谐波发射的有力工具。

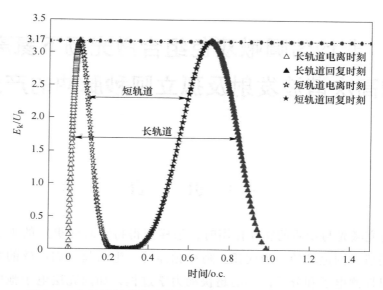

图 3.1　电子回复时的动能与电离时刻和回复时刻的关系图

（--■--回复电子的最大动能 3.17U_{p}）

4 非均匀啁啾双色组合激光场下氦离子的高次谐波发射及孤立阿秒脉冲的产生

4.1 引　言

当研究激光与物质的相互作用时，怎样获得持续时间更短的单个阿秒脉冲是人们所共同追求的。为此孤立阿秒脉冲的产生引起人们广泛的关注，利用它可以探测电子和分子内部的超快动力学过程，如内壳层电子弛豫、光隧道电离及核动力学过程[74,75]。因此，阿秒脉冲的实现具有极为重要的使用价值。人们已经在产生阿秒脉冲的实验技术和理论方法上做了许多探索工作。由于高次谐波光谱具有等频间隔和覆盖范围广的特点（从红外到软 X 射线的范围），于是它成为产生相干极紫外辐射和阿秒脉冲的主要工具[34]。近年来，实验上主要是利用高次谐波发射产生阿秒脉冲，因此基于高次谐波过程的阿秒脉冲产生一直是人们关注的焦点。

目前，为了实现谐波平台的展宽，得到孤立阿秒脉冲，人们采用了多种方法，其中，Sansone 等人利用偏振门技术得到了一个脉宽 130as 的接近单周期的阿秒脉冲[76]。通过减少驱动场的脉宽，Goulielmakis 等人[77]成功地实现了 80as 的单个脉冲输出。Zou 等人利用中红外激光 2000nm 和 909nm 的激光组合场获得了水窗波段的组合场[78]。Chen 等人利用双色激光脉冲获得了 38as 的孤立短脉冲。Wu 等人采用 800nm 的啁啾激光脉冲和 1600nm 的控制脉冲的组合场，产生一个 38as 的孤立短脉冲[81]。在实验中 Kim 等人最早利用金属纳米结构的场增强效应来产生高次谐波[57]。Lewenstein 小组的研究表明，气体在非均匀场中比在均匀场中产生的高次谐波的截止位置得到了延展，并且平台区也得到了延展，这更有利于产生更短的阿秒脉冲[61]。Zeng 等人利用双色场和中红外场驱动 He 原子，得到了 23as 的孤立阿秒脉冲[70]。Ge 等人研究了在非均匀电场中驱动一维模型氢分子离子所产生的高次谐波的截止位置得到了提高，获得了 53as 的孤立脉冲[79]。基于以上的研究工作，本书利用 800nm/5fs 的啁啾脉冲和 1600nm/12fs 的次倍频场在空间非均匀场中驱动一维模型氦离子。为了提高谐波的发射效率，本书选取初态为基态与第一激发态的等权叠加，研究了当啁啾参数 $\beta = 0.25$ 时，空间非均匀参数取不同值时高次谐波的发射和孤立阿秒脉冲的产生。结果表明，在 $\varepsilon =$ 0.00105 时极大地扩展谐波截止和连续谱的宽度，对该连续谱内任意 77.6eV 的谐波进行滤波可以直接得到 48as 的单个脉冲。通过小波时频分析和经典三步模型及电子的经典运动轨迹，本书解释了高次谐波辐射的物理机制。并深入分析了相对相位对高次谐波发射过程的影响，从而发现在本书的方案中，选取相对相位为 $\omega_1 \varphi = 1.6\pi$ 时得到了最大延展的光滑的超连续谱，通过对 80 次谐波进行合成得到了 32as 的孤立脉冲。

4.2 高次谐波发射和孤立阿秒脉冲产生理论方法

本书采用分裂算符法对 He 离子一维含时薛定谔方程形式解的指数进行劈裂，再利用快速傅里叶变换法数值求解。研究了在非均匀啁啾双色组合激光场作用下 He 离子的高次谐波发射和孤立阿秒脉冲的产生。通过对偶极加速度进行傅里叶变换可以得到相应的谐波谱。对数次谐波进行叠加，可以得到阿秒脉冲的时域包络。在偶极近似长度规范下，电子与激光场相互作用的含时薛定谔方程如下：

$$i \frac{\partial}{\partial t} \psi(x,t) = \left[-\frac{1}{2} \frac{\partial^2}{\partial x} + V(x) + V_1(x) \right] \psi(x,t) \tag{4.1}$$

式中，$V(x)$ 为一维 He 离子的模型势，采用软核库仑势 $V(x) = -\dfrac{2}{\sqrt{x^2 + 0.5}}$，具有和真实 He 离子相同的基态本征能量；$V_1(x) = xE(x,t)$ 为激光与原子相互作用势；$E(x,t)$ 为与空间有关的电场分量，可表示为 $E(x,t) = E(t)(1 + \varepsilon x)$，其中 ε 为描述非均匀场强度的参数，$E(t)$ 为激光场的电场分量，本章采用的啁啾双色场形式如下：

$$E(t) = E_0 f_0(t) \sin[\omega_0 t + \delta(t)] + E_1 f_1(t - \varphi) \sin[\omega_1(t - \varphi)] \tag{4.2}$$

偏振方向沿 x 方向。式中，$\omega_0 = 0.057$ 为基频场的频率，对应的波长为

800nm；$\omega_1 = \omega_0/2$ 是低频场的频率，对应的波长为 1600nm。对应的激光光强分别为 $I_1 = 1 \times 10^{15}\,\text{W/cm}^2$、$I_2 = 2 \times 10^{14}\,\text{W/cm}^2$。两束激光采用如下的高斯型包络：

$$f_i = \exp(-4\ln2\, t^2/\tau_i^2) \qquad (i = 0, 1) \tag{4.3}$$

相应的半高全宽（FWHT）τ_0、τ_1 分别为 5fs 和 12fs；$\delta(t) = -\beta\omega_0 t^2/T_0$ 为引入的啁啾场形式，该啁啾的强弱通过 β 和 T_0 两个参数来调节，但是本章中将 T_0 设为定值，T_0 为激光脉冲总的持续时间（36fs），$\beta = 0.25$。

采用分裂算符方法数值求解方程（4.1），通过叠加基态和第一激发态来得到 He 离子的初态，而基态和第一激发态是用虚时演化方法求得的。在实际计算中，通常还要采用 $\cos^{\frac{1}{8}}$ 形式的面具函数来消除波函数在空间边界发生反射对计算结果产生的影响。

电子的偶极加速度可表示为

$$\alpha(t) = -\left\langle \psi(x,t) \left| \frac{\partial}{\partial x}V(x) - E(x,t) - x\frac{\partial}{\partial x}E(x,t) \right| \psi(x,t) \right\rangle \tag{4.4}$$

高次谐波光谱能够通过 $a(t)$ 的傅里叶变换得到：

$$P(\omega) = \left| \frac{1}{T}\int_0^T a(t)\,\mathrm{e}^{-\mathrm{i}\omega t}\mathrm{d}t \right|^2 \tag{4.5}$$

阿秒脉冲可以通过式（4.6）和式（4.7）叠加一定级次的谐波得到：

$$I(t) = \left| \sum_q a_q \mathrm{e}^{\mathrm{i}q\omega t} \right| \tag{4.6}$$

$$a_q = \int a(t)\,\mathrm{e}^{-\mathrm{i}q\omega t}\mathrm{d}t \tag{4.7}$$

式中，$a(t)$ 为电子的偶极加速度；q 为谐波次数。

4.3　非均匀啁啾双色组合激光场的非均匀参数对氦离子高次谐波发射的影响

本节数值分析了初态为叠加态、相对相位 $\varphi = 0$、啁啾参数 $\beta = 0.25$ 情况下，不同空间非均匀参数 ε 对 He 离子的谐波发射的影响。图 4.1 中实线对应于均匀啁啾基脉冲双色场（$\beta = 0.25$，$\varepsilon = 0$）的情况，可以看出，谐波谱呈现双平台结构，截止位置分别在 374 次谐波和 481 次谐波；虚线是对应于非均匀啁啾基脉冲双色场（$\beta = 0.25$，$\varepsilon = 0.00105$）的情况，高次谐波谱仍然呈现双平台结构，但是第二个平台的截止位置延展到 851 次，并且变得光滑，调制减少，形成了极宽的、光滑的超连续谱，更易于合成孤立阿秒脉冲。

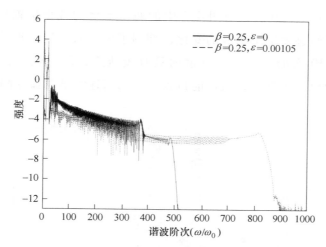

图 4.1　He 离子在空间均匀 800nm/5fs 脉冲和 1600nm/12fs 脉冲组合的
啁啾双色场作用下的谐波发射谱（$\beta = 0.25$，$\varepsilon = 0$）与
He 离子在空间非均匀 800nm/5fs 脉冲和 1600nm/12fs 脉冲
组合的啁啾双色场作用下的谐波发射谱（$\beta = 0.25$，$\varepsilon = 0.00105$）

为了更好地理解高次谐波谱的特征，采用了半经典三步模型理论进行了分析。计算了空间均匀啁啾双色场（$\beta = 0.25$，$\varepsilon = 0$）和空间非均匀啁啾双色场（$\beta = 0.25$，$\varepsilon = 0.00105$）下产生高次谐波的半经典电子轨迹，并绘制了谐波阶次随电子电离时刻及回复时刻的变化关系图（图 4.2），其中实心圆曲线表示谐波阶次随电离时刻的变化关系，空心三角曲线表示谐波阶次随回复时刻的变化关系。从图 4.2（a）中看到电子电离主要集中在 -1.32o.c. 处的峰 A_{i1} 和 -0.43o.c. 处的峰 A_{i2} 附近，而在 -0.22o.c. 处的峰 A_{i1} 和 0.48o.c. 处的峰 A_{i2} 回复与母核复合放出高次谐波能量。生成的最高谐波次数分别为 481 次和 374 次，与图 4.1 中的两个平台的截止位置相吻合。从图 4.2（a）中可以看到从 374 次到 481 次之间的谐波，只有两个量子轨迹对其有贡献，其中一条量子轨迹对应于先电离后复合，即长轨道；而另一条对应于后电离先复合，即短轨道。阶次低于 371 次的谐波来源于多条电子轨迹的

贡献，于是形成了双平台结构。

从图 4.2（b）中看到电子电离集中发生在 −0.64o.c. 处的峰 B_{i1} 和 −1.24o.c. 处的峰 B_{i2} 附近，而在 0.83o.c. 处的峰 B_{e1} 和 −0.29o.c. 处的峰 B_{e2} 回复与母核复合放出高次谐波能量。在 B_{i1} 峰和 B_{i2} 峰处生成的最高谐波次数分别为 851 次、330 次，与图 4.1 中的两个平台的截止位置吻合。但这种情况下的电子轨迹发生了明显的变化，抑制了电子长轨道对谐波的贡献。对于阶次高于 330 次的谐波，有贡献的只有短轨道，而长轨道已经被完全抑制。由于其他轨迹被抑制，就可能得到一个超宽连续谱及孤立阿秒脉冲。

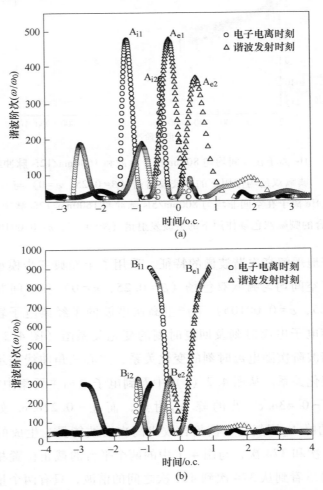

图 4.2 不同情况下，谐波阶次随电子电离时刻和谐波发射时刻的变化图

（a）$\beta = 0.25$，$\varepsilon = 0$；（b）$\beta = 0.25$，$\varepsilon = 0.00105$

　　为了进一步理解高次谐波谱的特征，本书对偶极加速度进行小波变换得到了连续辐射谱的时频分布[80]，并且与电子运动的经典轨迹进行了对比分析，如图4.3所示。从时频分析和电子运动的经典轨迹中可以获得不同级次谐波的发射与时间之间的关系。从图中可以看到，两种情况下的时频分析中都对应有两个能量峰值，当 $\beta=0.25$、$\varepsilon=0$ 时两个能量峰值用 P_1、P_2 表示，与三步模型中的 A_{e1}、A_{e2} 对应。从图4.3（b）中电子的经典运动轨迹来看，两个峰值相对应的电子的回核时间分别集中在 -0.22o.c.、0.48o.c.，与半经典三步模型和时频分析得到的结果一致。当 $\beta=0.25$、$\varepsilon=0.00105$ 时两个能量峰值用 P_3、P_4 表示，与三步模型中的 B_{e1}、B_{e2} 对应。从图4.3（d）中

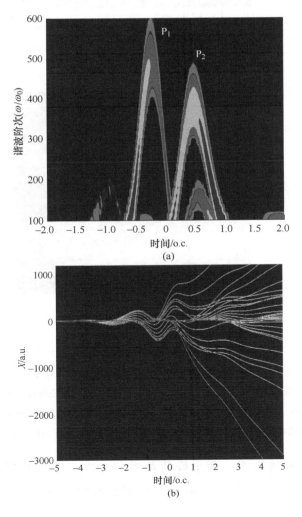

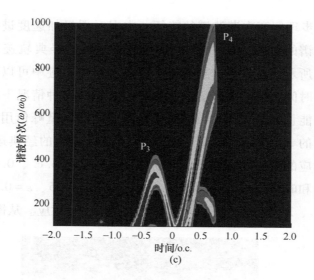

(c)

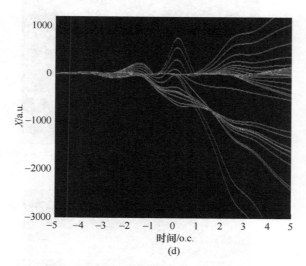

(d)

图 4.3 与不同高次谐波光谱对应的时频分布和电子经典运动轨迹

（a）与高次谐波光谱 $\beta = 0.25$，$\varepsilon = 0$ 相对应的时频分布；

（b）与高次谐波光谱 $\beta = 0.25$，$\varepsilon = 0$ 相对应的电子的经典运动轨迹；

（c）与高次谐波光谱 $\beta = 0.25$，$\varepsilon = 0.00105$ 相对应的时频分布；

（d）与高次谐波光谱 $\beta = 0.25$，$\varepsilon = 0.00105$ 相对应的电子的经典运动轨迹

电子的经典运动轨迹来看，两个峰值相对应的电子的回核时间分别集中在 0.83o.c.、−0.29o.c.，与半经典三步模型和时频分析得到的结果一致。这

些峰值对应于电子返回母核并发生复合时所放出的最大能量。从图中看出两种情况下的峰值所对应的谐波阶次和谐波发射强度均不同，图 4.3 中（c）比（a）的峰值高度要高，这与图 4.1、图 4.2 中的两种情况下的谐波截止位置相吻合。从图中还可以看出 P_2、P_3 的峰值强度比 P_1、P_4 的峰值强度要强，这与谐波谱的双平台结构相符合。除此之外，对于每一次谐波，一个周期内主要有两条量子轨迹对其有贡献，其中上升沿为"长轨道"，下降沿为"短轨道"。图 4.3（a）$\beta = 0.25$、$\varepsilon = 0$，P_1 峰的短轨迹增强，长轨道减弱，不同量子轨迹间的干扰减弱，使第二平台区的谐波更加光滑，没有较大的调制。图 4.3（b）$\beta = 0.25$、$\varepsilon = 0.00105$，P_4 峰的长轨道消失，只剩下短轨道对谐波的贡献，极宽的、光滑的超连续谱来自短轨道的贡献。小波时频分析图（图 4.3）的结果表明，在空间非均匀啁啾双色场中，适当选取空间非均匀参数 ε 的值，可以控制量子轨迹的选择，只有一个量子短轨道对谐波有贡献，使这段谐波呈现出平滑有规律的特性，这更有利于孤立阿秒脉冲的产生。

在非均匀啁啾双色场中驱动一维模型氦离子产生了一个超宽的连续的高次谐波谱，如图 4.1 虚线所示，从图中看到从 710 次到截止位置，高次谐波谱是光滑的、有规则的，即在截止附近产生了一个超宽连续谱，这有利于合成短的孤立阿秒脉冲。当选择从 710～760 次之间的 50 次谐波进行叠加时，如图 4.4 所示，在时域包络上，得到一个脉宽为 48as 的单个阿秒脉冲。

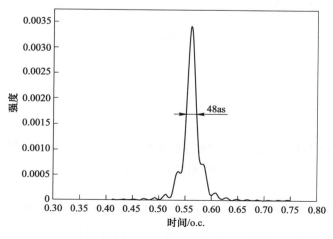

图 4.4　$\beta = 0.25$，$\varepsilon = 0.00105$ 情况下叠加 50 次谐波得到的阿秒脉冲的时域包络

4.4　非均匀啁啾双色组合激光场的相对相位
对氦离子高次谐波发射的影响

为了研究相对相位对高次谐波和阿秒脉冲产生的影响，分析了在 $\beta =$ 0.25、$\varepsilon = 0.00105$ 的情况下，相对相位分别取 $\omega_1\varphi = 1.4\pi$、$\omega_1\varphi = 1.6\pi$、$\omega_1\varphi = 1.8\pi$ 三种情况下的一维模型 He 离子的谐波发射和孤立阿秒脉冲的产生，其他参数与图 4.1 中的参数相同。图 4.5 给出了三种情况下的谐波发射谱，从图中可以看到三种情况下谐波发射谱均呈现出光滑的超连续谱。通过比较，相对相位值越大，谐波级次为 410 次之后的谐波效率越高。对于空间非均匀啁啾双色场，由于啁啾参数的调制，在选取的参数情况下，相对相位为 $\omega_1\varphi = 1.6\pi$ 时谐波延展得最大，截止位置在 1200 谐波阶次。当增大相对相位或减小相对相位时谐波的延展都小于相对相位为 $\omega_1\varphi = 1.6\pi$ 的情况。即在空间非均匀啁啾双色场中，通过适当选取相对相位可以获得较大延展的光滑的超连续谱。

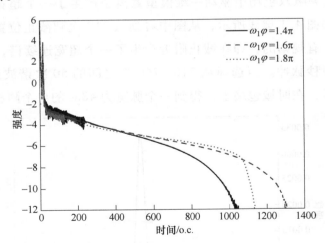

图 4.5　空间非均匀啁啾双色场中（$\beta = 0.25$，$\varepsilon = 0.00105$）
在不同相对相位下高次谐波的发射

图 4.6 给出了三种情况下通过叠加相同的谐波次数（600～680 次）谐波合成孤立阿秒脉冲的时域包络。从图中看出相对相位 $\omega_1\varphi$ 大于 1.6π 时孤立阿秒脉冲的发射时间较晚，小于 1.6π 时发射时间提前，但是无论是哪种情

况，孤立阿秒脉冲的强度都小于相对相位 $\omega_1\varphi = 1.6\pi$ 时的强度，并且在 $\omega_1\varphi = 1.6\pi$ 时得到了 32as 的孤立脉冲。因此在本书的方案下，通过适当选择相对相位可以得到既光滑的又超连续的并且最大延展的高次谐波，以及得到持续时间更短的孤立阿秒脉冲。

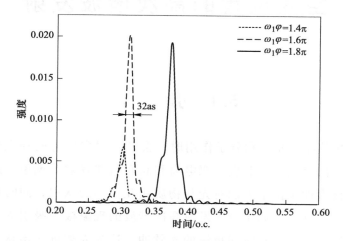

图 4.6 空间非均匀啁啾双色场中（$\beta = 0.25$，$\varepsilon = 0.00105$）在不同相对相位下 600 到 680 次谐波合成的孤立阿秒脉冲的时域包络

5 非均匀少周期激光场中原子在不同空间位置的高次谐波发射

5.1 引 言

当强激光脉冲与原子和分子作用时，会产生很多新奇的物理效应，比如多光子电离、阈上电离、非次序双电离和高次谐波发射等现象。这些新的强场物理现象极大地丰富了人们对光与物质相互作用的认识，同时也催生出新的激光技术。这其中，原子分子发射高次谐波的现象极为吸引人，因为利用高次谐波可以产生出阿秒时间量级的光脉冲，这为人类进一步认识微观物质世界中电子的超快动力学过程提供了探测工具，对科学的进步具有重要意义。

目前，实验上被广泛采用的产生阿秒脉冲的方法是通过合成高次谐波的部分波段来得到阿秒脉冲。高次谐波的强度、截止位置以及连续程度直接影响到阿秒脉冲的强度、脉宽以及脉冲个数等物理特性，因此，研究原子分子高次谐波的产生过程十分重要。在实验上，要使原子发射出高次谐波，入射激光场的强度必须要达到或超过一定的阈值，对于惰性原子气体而言，这个光强阈值通常为 $10^{13} \, \text{W/cm}^2$，然而，目前实验所用的飞秒激光振荡器的输出强度只能达到 $10^{11} \, \text{W/cm}^2$，即使聚焦也无法达到高次谐波所要求的光强阈值，因此，人们通常采用啁啾脉冲放大技术来进一步增强振荡器输出的激光脉冲，这增加了实验的难度和成本。此外，目前实验上产生高次谐波还面临着高次谐波转换效率低等问题。2008 年，Kim 等人提出可利用激光脉冲与金属纳米结构阵列作用产生的等离子体非均匀场来增强入射激光场强度，从而实现直接利用激光振荡器来产生高次谐波发射。金属纳米结构的运用和非均匀场的出现为实现高次谐波的发射和调控提供了新的途径，具有广阔的应用前景。非均匀场的出现也推动了高次谐波的理论研究，在第 2 章中，已经介绍理论研究非均匀场中高次谐波发射所使用的理论模型和计算方法，也简要介绍了理论研究的最新进展，比如非均匀场下高次谐波截止位置的展宽、超连续谱的形成以及孤立阿秒脉冲产生等，这里不再详述。

金属纳米结构产生的非均匀场除了可以增强入射激光场强度外，另一个显著特点是其增强的场强在局域空间中分布的不均匀性，这也是非均匀场名称的来源。这种在空间分布不均匀的场会对电子的运动产生直接影响，进而影响电子的重散射和高次谐波的发射过程。而这种对空间位置具有依赖性的场也意味着原子的空间位置会对电子的重散射过程构成重大影响，因为电子运动的起点是由原子的空间位置决定的，而不同的空间位置就会有不同的非均匀场形式和强度。2013 年，Yavuz 通过数值求解 Schrödinger 方程研究了气体原子系统在金属纳米结构空隙中的空间分布对高次谐波的影响，他发现原子距纳米结构中心即原点的距离越远，原子发射的高次谐波的截止位置就越展宽且谐波的强度也越高，这说明原子的空间位置对高次谐波发射具有重要影响。此外，由于纳米结构的空隙是在纳米尺度上，因此运动较远的电子会被金属纳米结构所吸收，这也会影响到高次谐波的产额以及截止位置。所以，如果原子距中心过远并接近金属纳米结构表面，其电离产生的电子就有可能被吸收而无法发射谐波。

在本章中也采用相同的思想，研究非均匀少周期激光脉冲下高次谐波发射对原子空间位置的依赖性。与 Yavuz 的工作不同，本章采用周期数仅为 4 个周期的少周期激光脉冲驱动非均匀场并与氦原子作用产生高次谐波，此外，仅将原子分布在纳米结构空隙中心附近的 $-9 \sim 9\mathrm{a.u.}$ 的狭小空间内，这样，原子即使处在 $-9\mathrm{a.u.}$ 或 $9\mathrm{a.u.}$ 上也与最近的纳米结构尖端有较远的距离，这有效地降低了电离电子在激光场中运动时被纳米结构吸收的可能性。即本章在研究原子位置对高次谐波发射的影响时，不考虑纳米结构对电子的吸收，只考虑非均匀场在空间中的分布形式，这为单独研究非均匀场本身对高次谐波关于原子空间位置依赖性的影响带来了方便。通过理论计算发现，即使在很小的变动范围内，原子的空间位置也对高次谐波发射产生了重要影响。对于载波包络相位 $\varphi = 0$ 的情况，原子的位置坐标越大，高次谐波就越展宽，且在所选取的坐标轴正半区的最大位置 $9\mathrm{a.u.}$ 处，高次谐波出现了一个宽度达 125 阶次的光滑的连续区。通过小波变换和三步模型分析这个现象的物理机制，发现原子空间位置可以调控产生高次谐波的量子轨道。

5.2　不同空间位置原子高次谐波发射的理论方法

在对线偏振激光场中电子动力学过程的理论研究中，一维原子模型是一个模拟真实原子的很好的近似模型，而且求解相对应的一维含时 Schrödinger 方程在计算上也十分方便。因此，考虑到计算的效率和有效性，在此采用一维原子模型和求解一维 Schrödinger 方程来研究非均匀场下原子在不同空间位置的高次谐波发射。偶极近似和长度规范下的一维含时 Schrödinger 方程的形式为

$$
\mathrm{i}\,\frac{\partial \psi(x,t)}{\partial t} = \left[-\frac{1}{2}\frac{\partial^2}{\partial x^2} + V_{\mathrm{atom}}(x,\ d_0) + xE(x,t) \right] \psi(x,t) \tag{5.1}
$$

式中，$V_{\mathrm{atom}}(x, d_0)$ 为一维模型原子的软核库仑势，可表达为

$$
V_{\mathrm{atom}}(x, d_0) = -\frac{z}{\sqrt{(x-d_0)^2 + a}} \tag{5.2}
$$

式中，z 和 a 均为软核参数，这里选取氦原子作为产生高次谐波的靶原子，则 $z = 1$，$a = 0.484$，相对应的氦原子的第一电离能为 -0.9a. u.；d_0 为原子的空间位置坐标。

如图 5.1 所示，原子被放置在两个三角形纳米结构尖端的连线上，且在计算中，原子的位置只在这一连线上变动。原子位置坐标轴的原点被设置在纳米结构空隙的中心处，这样入射激光场作用在两个纳米结构尖端上就会产生一个以坐标原点为中心的对称的空间非均匀场，空间非均匀场的电场形式如图 5.1 中的曲线所示，在坐标原点处非均匀场的强度最低，而随着原子向坐标轴的正方向和负方向移动，其所感受到的非均匀场强度越来越大，直至到达纳米结构的尖端，非均匀场的强度达到最大。

为了与含时演化 Schrödinger 方程所采用的原子势场 $V_{\mathrm{atom}}(x,\ d_0)$ 相协调一致，在以原子核为原点的坐标系下经虚时演化得到初态后，将原子波函数沿坐标轴整体移动至原子放置位置 d_0 处，即有 $\psi_0'(x) = \psi_0(x - d_0)$，这里 ψ_0' 是含时演化实际使用的初始波函数，而 ψ_0 是原子坐标系下计算得到的基态波函数。

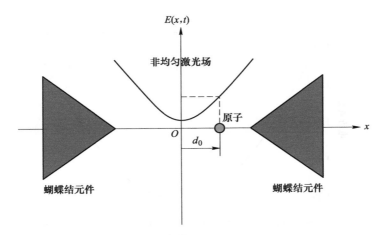

图 5.1 蝴蝶结型金属纳米结构和原子空间位置示意图

（两个对顶的三角形为金属纳米结构，实心圆为放置在两个尖端连线上的原子，
曲线为入射激光场作用纳米结构所产生的非均匀场的电场强度随空间分布示意图）

式（5.1）中的 $E(x, t)$ 表达了入射激光场与其驱动的非均匀场一起形成的时-空叠加场，其形式可写为

$$E(x,t) = E(t)[1 + g(x)] \tag{5.3}$$

式中，$E(t)$ 为入射激光场的电场形式：

$$E(t) = E_0 f(t)\cos(\omega_0 t + \varphi) \tag{5.4}$$

式中，E_0 为入射激光场的电场幅度，在计算中，其对应的激光强度为 $I = 5 \times 10^{14}\text{W/cm}^2$；$f(t)$ 为激光场的包络函数，$f(t) = \sin^2(\pi t/T)$，T 为激光脉冲的持续时间，这里为 4 个光学周期；ω_0 为激光场的圆频率，$\omega_0 = 0.0569\text{a. u.}$，对应的激光波长为 800nm；$\varphi$ 为激光场的载波包络相位；$g(x)$ 表示了非均匀场在空间上的分布形式，这里采用级数展开的形式，即

$$g(x) = \sum_{i=1}^{N} b_i x^i \tag{5.5}$$

式中，系数 b_i 可以通过拟合有限元软件模拟出的非均匀场形式来求得。在本书的计算中，直接采用文献［84］中金属纳米结构间隙为 18nm 时所对应的非均匀场形式：$g(x) = 5.2 \times 10^{-8}x + 3.0 \times 10^{-5}x^2 - 2.5 \times 10^{-12}x^3 - 3.4 \times 10^{-10}x^4$。该电场在空间上的分布如图 5.2 所示。

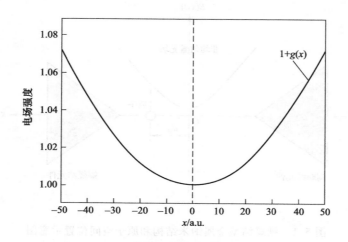

图 5.2　非均匀场的电场强度形式

本节采用二阶分裂算符方法求解含时 Schrödinger 方程（5.1）。在计算中，为防止电子波包传播到边界时发生非物理反射，引入一个 $\cos^{\frac{1}{8}}$ 面具函数，来吸收到达边界的电子波包。在计算求得波函数后，可继续求出电子的偶极加速度，这里表示为

$$a(t) = -\left\langle \psi(x,t) \left| \frac{\partial}{\partial x}V(x) - E(x,t) - x\frac{\partial}{\partial x}E(x,t) \right| \psi(x,t) \right\rangle$$

（5.6）

高次谐波光谱、阿秒脉冲可按式（4.5）和式（4.6）求得。

5.3　非均匀场下原子在不同空间位置上的高次谐波发射

在数值计算中，首先按图 5.1 任意定义一个正方向并建立起坐标轴，然后固定少周期激光脉冲的载波包络相位 $\varphi = 0$，这样少周期激光脉冲电场分布的不对称性就相对于坐标轴被确定下来。然后，通过在坐标原点附近（$-9 \sim 9$a. u.）变动原子的空间坐标 d_0，分别计算了原子在每个位置处发射的高次

谐波谱，并绘制出高次谐波强度关于谐波阶次和原子空间位置的三维等高线图，如图 5.3 所示。

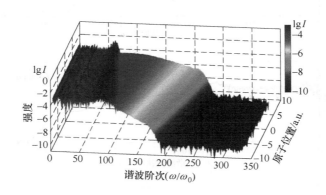

图 5.3　原子在不同空间位置上的高次谐波谱

　　从图 5.3 中可以看到，不同原子位置处产生的高次谐波谱各不相同，但可以发现这些高次谐波谱均具有两个区域：一个是谐波阶次较低的非连续区，在这个区域中谐波振荡剧烈，非常不平滑，说明有强的轨道干涉；而另一个是谐波阶次较高的连续区，在这个区域，谐波谱非常光滑且一直延展到高次谐波的截止位置，形成了一个连续谱。此外还可以发现：在空间坐标轴的正半区，随着原子和坐标原点距离的增大，高次谐波谱的截止位置逐渐增大，同时，高次谐波谱的连续区在向高阶次拓展的同时也向着低阶次扩展；然而，在坐标轴的负半区，随着原子和坐标原点距离的增大，高次谐波的截止位置逐渐变小，且谐波的连续谱宽度也不断变短。为了清晰地展示高次谐波的这种随原子空间位置的明显的变化趋势，在图 5.4 中，分别选取了 $d_0 = -9.0 a. u.$、$d_0 = 0 a. u.$ 以及 $d_0 = 9.0 a. u.$ 这三个空间位置并分别展示了高次谐波谱。从图 5.4 中可以清楚地看到，高次谐波的连续谱部分随着原子空间坐标的不断增大向着谐波的高阶次和低阶次两个方向同时延展，这说明在非均匀场中原子空间位置对产生高次谐波的电子重散射过程具有重要影响。

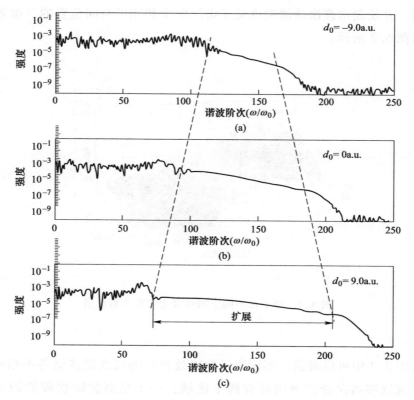

图 5.4   原子在 $d_0 = -9.0$a. u. (a)、$d_0 = 0$a. u. (b) 和

$d_0 = 9.0$a. u. (c) 处的高次谐波谱

（虚线表现出谐波的连续区随原子空间坐标的增大而逐渐扩展的趋势）

5.4   原子在不同空间位置上发射高次
谐波的时频特性分析

为了进一步分析图 5.4 中高次谐波谱随原子空间坐标的变化，通过对偶极加速度做小波变换得到了谐波阶次关于谐波发射时间的分布图，即时频分布图，结果如图 5.5 所示。从图 5.5 中可以看到，对于原子空间位置 $d_0 = -9.0$a. u. 、0a. u. 、9.0a. u. 这三种情况，均有三个峰 P_1、P_2 和 P_3 对高次谐波有贡献，但是也可以看到在这三种情况中峰 P_3 的强度都远低于峰 P_1 和峰 P_2 的强度，因此，对高次谐波起主要作用的还是峰 P_1 和峰 P_2，所以将主要

讨论峰 P_1 和峰 P_2 的作用。此外，在这三种空间位置情况中，还可以发现峰 P_1 的上升沿要明显强于下降沿，其中在 $d_0 = 9.0$ a.u. 时，峰 P_1 的下降沿几乎消失，这说明对于峰 P_1 主要是短轨道在起作用，单一的量子轨道将有利于连续谱的形成；而对于峰 P_2，在看到较强的上升沿的同时，还可以看到较强的下降沿，这说明峰 P_2 的短轨道和长轨道均对高次谐波有较强的贡献，在当 $d_0 = -9.0$ a.u. 时，峰 P_2 的长短轨道的强度几乎相当，由于长短轨道对应的谐波发射时间不同，因此会带来谐波间较强的干涉效应从而产生不连续的高次谐波谱。

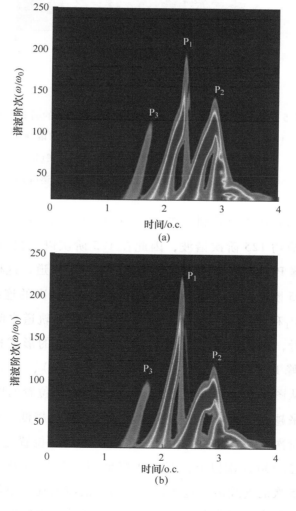

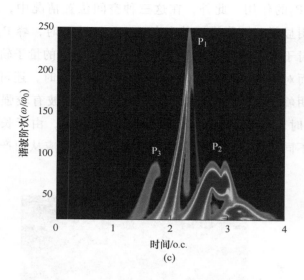

图 5.5　原子在不同空间位置上发射的高次谐波的时频分布图

(a) $d_0 = -9.0$a. u.（对应于图 5.4 中的高次谐波谱(a)）

(b) $d_0 = 0$a. u.（对应于图 5.4 中的高次谐波谱(b)）

(c) $d_0 = 9.0$a. u.（对应于图 5.4 中的高次谐波谱(c)）

从图 5.5（a）中可以看到，在 $d_0 = -9.0$a. u. 时，峰 P_1 对应约 175 阶次谐波，峰 P_2 对应约 125 阶次谐波，因此在 125 阶次以上只有峰 P_1 对谐波有作用，又由于峰 P_1 的短轨道较强即具有单一的量子轨道，这样在 125 阶次到峰 P_1 对应的 165 阶次之间就会形成一个宽度约为 40 次的连续谱，而在 125 阶次以下，峰 P_1 和峰 P_2 之间的干涉以及峰 P_2 的长短轨道之间的干涉都会使谐波变得不平滑，这就解释了图 5.4（a）中连续谱的形成机制。同理，可以根据峰 P_1 和峰 P_2 对应阶次的不同来解释图 5.4（b）、（c）中高次谐波连续谱的形成。从图 5.5 中还可以发现，随着原子空间位置的增大，峰 P_1 对应的谐波阶次越来越高，而峰 P_2 对应的谐波阶次却越来越低，这就导致连续谱向高阶次和低阶次两个方向同时拓展。最后，当原子位置达到 $d_0 = 9.0$a. u. 时，峰 P_1 增高到 200 阶次以上，而峰 P_2 降低到只有 75 阶次，这样，就形成一个宽度达 125 次的连续谱。这就解释了高次谐波的连续谱随原子空间坐标不断增大而向低阶次和高阶次两个方向不断延展的变化趋势。

5.5 原子在不同空间位置上发射高次谐波的物理机制

为进一步分析非均匀场下原子空间位置对高次谐波发射的影响，并进一步解释原子空间位置对时频分布图中峰 P_1 和峰 P_2 的谐波阶次的影响，运用半经典三步模型绘制了原子在不同空间位置处（$d_0 = -9.0a.u.$、$0a.u.$、$9.0a.u.$）发射高次谐波的谐波阶次关于电子电离时间和复合时间的变化关系图，结果如图 5.6 所示。

在半经典三步模型的计算中，考虑所有可能的电子电离时刻，并选取出可以发生重散射的电子轨道，并计算出电子回复时刻和回复时所带的动能，在得到回复时的动能后，再加上原子的电离势即可求得经典条件下高次谐波发射的光子能量。图 5.6 中空心圆构成的曲线就表示了经典条件下高次谐波阶次关于电子回复时间的变化关系，这与图 5.5 中的时频分布图所表达的物理含义是一致的也是可以直接对应的，从图中可以看到，经典的高次谐波阶次随回复时间变化曲线也具有和时频分布相一致的三个峰，且曲线的变化趋势特别是长短轨道情况可以与时频分布很好地相吻合。如果将每个电子重散射轨道的回复时刻对应到相应的电离时刻，就找到产生峰 P_1、峰 P_2 和峰 P_3

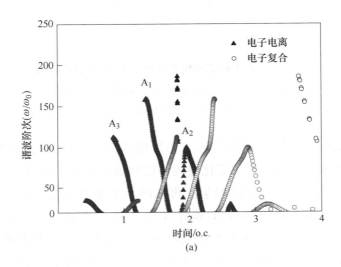

(a)

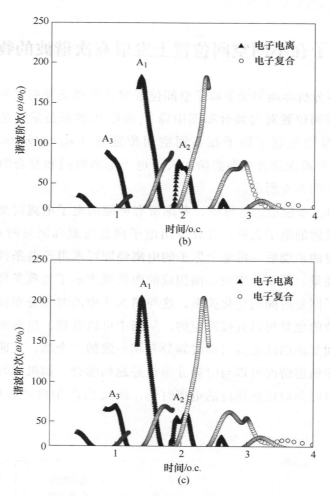

图 5.6　原子在不同空间位置处发射高次谐波的谐波阶次
关于电子电离时间和复合时间的变化关系图
（a）$d_0 = -9.0$a. u.；（b）$d_0 = 0$a. u.；（c）$d_0 = 9.0$a. u.

的电离起始时间，即图 5.6 中实心三角形曲线的三个峰 A_1、A_2 和 A_3。从图 5.7 所示的激光电场随时间的变化曲线可以知道，A_1、A_2 和 A_3 分别对应于少周期激光脉冲的三个电场强度峰值。再从图 5.7 中电离概率随时间的变化曲线可以看到，在激光电场的峰 A_1 和峰 A_2 处，原子的电离概率发生了大幅度的跃变，即电离速率大；而峰 A_3 处的电离概率变化缓慢，电离速率低。电离速率大的峰会有更高的电离产量，相应的发生回复的电子的量也就越大，这样产生的谐波强度就越高；反之，电离速率低的峰产生的谐波强度就低，这

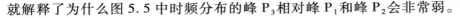

就解释了为什么图 5.5 中时频分布的峰 P_3 相对峰 P_1 和峰 P_2 会非常弱。

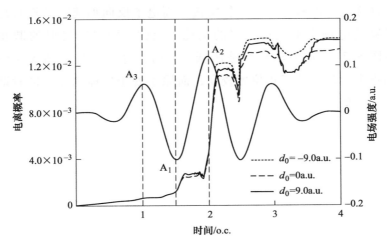

图 5.7 激光脉冲电场强度随时间的变化曲线（粗实线）与原子在不同的空间

位置处（-9.0a. u.、0a. u.、9.0a. u.）电离概率随时间的变化曲线

（对于书中所选取的不同的空间位置，原子的电离概率曲线几乎相同，说明在空间范围

（-9.0~9.0a. u.）内，非均匀场强度较小，对原子电离影响不大）

从上面对图 5.6 和图 5.7 的分析可知，时频分布中的峰 P_1 来自于电场峰值 A_1，即 A_1 处电离的电子会受到峰 A_1 的加速以及后续的峰 A_2 的减速再加速作用而在时间 2 o.c. 时回复到母核发射谐波光子。而时频分布的另一个明显的峰 P_2 则来自于电场峰值 A_2，即电子会在峰 A_2 的加速以及后续峰的减速再加速过程中回到母核，且回复时刻为 2.5 o.c. 附近。由于电场的峰 A_1 指向坐标轴的负方向，则此处电离的电子会受到指向正方向的电场力作用。这样，如果原子的位置在坐标轴的正半区（如 $d_0 = 9.0$ a. u.），电子在峰 A_1 作用下会继续向坐标轴正方向移动，这时其感受到的非均匀场强度越来越大并被不断加速。当激光场开始反向时，电子已处在距中心较远的区域，由于电场的峰 A_2 非常强，且电子离中心较远，其所受非均匀场的强度会非常强，这会使电子受到强大的向负方向的力的作用，这会迅速将电子减速并将电子拉回原子，同时带回大量的能量，在时频分布图上就会出现一个阶次非常高的峰，即图 5.5（c）中的峰 P_1。而当原子的位置处在坐标轴的负半区时，电子在峰 A_1 的作用下仍然会向着坐标轴正方向移动，然而，电子所感受到的非均匀场强度会越来越小，其加速度逐渐减小。当激光场反向时，电子离中心

的距离比较近，这样峰 A_2 来临后其驱动的非均匀场在电子位置处的场强并不是很强，这样电子的减速过程会较缓慢，而电子反向加速时已没有足够的时间以及足够的电场力来获得更多的动能，因此，回复时发射的谐波阶次较低，即在图 5.5（a）中峰 P_1 会被压低。同时，这也解释了图 5.4 中原子处于坐标轴正半区时谐波截止位置较高，而原子处于坐标轴负半区时谐波截止位置较低的现象。

参 考 文 献

[1] Einstein A. Concerning a heuristic point of view toward the emission and transformation of light [J]. Ann. Phys. , 1905, 17: 132.

[2] Lompré L A, Mainfray G, Manus C, et al. Multiphoton ionization of rare gases by a tunable-wavelength 30-psec laser pulse at 1. 06μm [J]. Phys. Rev. A, 1977, 15: 1604-1012.

[3] Kulander K C. Multiphoton ionization of hydrogen: A time-dependent theory [J]. Phys. Rev. A, 1987, 35: 445-447.

[4] Chu S I, Cooper J. Threshold shift and above-threshold multiphoton ionization of atomic hydrogen in intense laser fields [J]. Phys. Rev. A, 1985, 32: 2769-2775.

[5] Javanainen J, Eberly J H, Su Q. Numerical simulations of multiphoton ionization and above-threshold electron spectra [J]. Phys. Rev. A, 1988, 38: 3430-3446.

[6] Augst S, Strickland D, Meyerhofer D D, et al. Tunneling ionization of noble gases in a high-intensity laser field [J]. Phys. Rev. Lett. , 1989, 63: 2212-2215.

[7] Dörr M, Potvliege R M, Shakeshaft R. Tunneling ionization of atomic hydrogen by an intense low-frequency field [J]. Phys. Rev. Lett. , 1990, 64: 2003-2006.

[8] Walker B, Sheehy B, Dimauro L F, et al. Precision measurement of strong field double ionization of Helium [J]. Phys. Rev. Lett. , 1994, 73: 1227-1230.

[9] Staudte A, Ruiz C, Schöffler M, et al. Binary and recoil collisions in strong field double ionization of Helium [J]. Phys. Rev. Lett. , 2007, 99: 263002.

[10] Becker W, Liu X, Ho P J, et al. Theories of photoelectron correlation in laser-driven multiple atomic ionization [J]. Rev. Mod. Phys. , 2012, 84: 1011-1043.

[11] Krause J L, Schafer K J, Kulander K C. High-order harmonic generation from atoms and ions in the high intensity regime [J]. Phys. Rev. Lett. , 1992, 68: 3535-3538.

[12] Macklin J J, Kmetec J D, Gordon C L. High-order harmonic generation using intense femtosecond pulses [J]. Phys. Rev. Lett. , 1993, 70: 766-769.

[13] Protopapas M, Keitel C H, Knight P L. Atomic physics with super-high intensity lasers [J]. Rep. Prog. Phys. , 1997, 60: 389-486.

[14] Agostini P, Dimauro L F. The physics of attosecond light pulses [J]. Rep. Prog. Phys. , 2004, 67: 813-855.

[15] Mainfray G, Manus C. Multiphoton ionization of atoms [J]. Rep. Prog. Phys. , 1991, 54: 1333-1372.

[16] Franken P A, Hill A E, Peters C W, et al. Generation of optical harmonics [J]. Phys.

Rev. Lett. , 1961, 7: 118-120.

[17] Mclung F J, Hellwarth R W. Giant optical pulsations from ruby [J]. Appl. Phys. , 1962, 33: 828-829.

[18] Demaria A J, Ferrar C M, Danielson G E. Mode Locking of a Nd^{3+}-DOPED Glass Laser [J]. Appl. Phys. Lett. , 1966, 8: 22-24.

[19] 陈秀娥. 超短脉冲激光器原理及应用 [M]. 北京：科学出版社, 1991.

[20] Ferray M, Lompré L A, Gobert O, et al. Multiterawatt picosecond Nd-glass laser system at 1053 nm [J]. Opt. Commun. , 1990, 75: 278-282.

[21] Zewail A H. FEMTOCHEMISTRY: Atomic-scale dynamics of the chemical bond [J]. J. Phys. Chem. A, 2000, 104: 5660-5694.

[22] Krausz F, Ivanov M. Attosecond physics [J]. Rev. Mod. Phys. , 2009, 81: 163-234.

[23] Paul P M, Toma E S, Breger P, et al. Observation of a train of attosecond pulses from high harmonic generation [J]. Science, 2001, 292: 1689-1692.

[24] Antoine P, L' Huillier A, Lewenstein M. Attosecond pulse trains using high-order harmonics [J]. Phys. Rev. Lett. , 1996, 77: 1234-1237.

[25] L' Huillier A, Balcou P. High-order harmonic generation in rare gases with a 1-ps 1053-nm laser [J]. Phys. Rev. Lett. , 1993, 70: 774-777.

[26] Keldysh L V. Ionization in the field of a strong electromagnetic wave [J]. Sov. Phys. JETP, 1965, 20: 1307-1314.

[27] Fabre F, Petite G, Agostini P, et al. Multiphoton abovethreshold ionisation of xenon at 0. 53 and 1. 06 pm [J]. J. Phys. B, 1982, 15: 1353-1369.

[28] Petite G, Fabre F, Agostini P. Nonresonant multiphoton ionization of cesium in strong fields: angular distributions and above-threshold ionization [J]. Phys. Rev. A, 1984, 29: 2677-2689.

[29] Agostini P, Fabre F, Mainfray G, et al. Free-free transition following six-photo ionization of xenon atoms [J]. Phys. Rev. Lett. , 1979, 42: 1127-1130.

[30] Yergeau F, Petite G, Agostini P. Above-threshold ionization without space charge [J]. J. Phys. B, 1986, 19: L663-L669.

[31] Ammosov M V, Delone N B, Krainov V P. Tunnel ionization of complex atoms and of atomic ions in an alternating electromagnetic field [J]. Sov. Phys. JETP, 1986, 64: 1191-1194.

[32] L' Huillier A L, Lompre L A, Mainfray G, et al. Multiply charged ions induced by multiphoton absorption in rare gases at 0. 53 μm [J]. Phys. Rev. A, 1983, 83: 2503-2512.

[33] Haan S L, Grobe R, Eberly J H. Numerical study of autoionizing states in completely corre-

lated two-electron systems [J]. Phys. Rev. A, 1994, 50: 378-391.

[34] Corkum P B. Plasma perspective on strong-field multiphoton ionization [J]. Phys. Rev. Lett. , 1993, 71: 1994-1997.

[35] Shore B W, Knight P L. Enhancement of high optical harmonics by excess-photon ionization [J]. J. Phys. B, 1987, 20: 413-423.

[36] Mcpherson A, Gibson G, Jara H, et al. Studies of multiphoton production of vacuum-ultra-violet radiation in the rare gases [J]. J. Opt. Soc. Am B, 1987, 4: 595-601.

[37] Chang Z H, Rundquist A, Wang H W, et al. Generation of coherent soft X rays at 2.7nm using high harmonics [J]. Phys. Rev. Lett. , 1997, 79: 2967-2970.

[38] Schnürer M, Spielmann C, Wobrauschek P, et al. Coherent 0.5-keV X-ray emission from helium driven by a sub-10-fs laser [J]. Phys. Rev. Lett. , 1998, 80: 3236-3239.

[39] Popmintchev T, Chen M C, Popmintchev D, et al. Bright coherent ultrahigh harmonics in the keV X-ray regime from mid-infrared femtosecond lasers [J]. Science, 2012, 336: 1287-1291.

[40] Ciappina M F, Aćimović S S, Shaaran T, et al. Enhancement of high harmonic generation by confining electron motion in plasmonic nanostrutures [J]. Optics Express, 2012, 20: 26261-26274.

[41] Rundquist A, Durfee C G, Chang Z H, et al. Phase-matched generation of coherent soft X-rays [J]. Science, 1998, 280: 1412-1415.

[42] Lange H R, Chiron A, Ripoche J F, et al. High-order generation and quasiphase matching in xenon using self-guided femtosecond pulses [J]. Phys. Rev. Lett. , 1998, 81: 1611-1613.

[43] Gibson E A, Paul A, Wagner N, et al. Coherent soft X-ray generation in the water window with quasi-phase matching [J]. Science, 2003, 302: 95-98.

[44] Seres J, Yakovlev V S, Seres E, et al. Coherent superposition of laser-driven soft-X-ray harmonics from successive sources [J]. Nat. Phys. , 2007, 11: 878-883.

[45] Norreys P A, Zepf M, Moustaizis S, et al. Efficient extreme UV harmonics generated from picosecond laser pulse interactions with solid targets [J]. Phys, Rev. Lett. , 1996, 76: 1832-1835.

[46] Itatani J, Levesque J, Zeidler D, et al. Tomographic imaging of molecular orbitals [J]. Nature, 2004, 432: 867-871.

[47] Zwan E V, Chirilă C C, Lein M. Molecular orbital tomography using short laser pulses [J]. Phys. Rev. A, 2008, 78: 033410.

[48] Shiner A D, Schmidt B E, Trallero-Herrero C, et al. Probing collective multi-electron dy-

namics in xenon with high-harmonic spectroscopy [J]. Nat. Phys. , 2011, 7: 464-467.

[49] Zhang D, Lu Z, Meng C, et al. Synchronizing terahertz wave generation with attosecond bursts [J]. Phys, Rev. Lett. , 2012, 109: 243002.

[50] Zhang X S. Extreme Nonlinear Optics for Coherent X-ray Generation [D]. Colorado: University of Colorado, 2007.

[51] Lewenstein M, Balcou P, Ivanov M Y, et al. Theory of high harmonic generation by low frequency laser fields [J]. Phys. Rev. A, 1994, 49: 2117-2132.

[52] Wang H, Chini M, Chen S, et al. Attosecond time-resolved autoionization of argon [J]. Phys, Rev. Lett. , 2010, 105: 143002.

[53] Chini M, Zhao B, Wang H, et al. Subcycle ac stark shift of helium excited states probed with isolated attosecond pulses [J]. Phys, Rev. Lett. , 2012, 109: 073601.

[54] Goulielmakis E, Loh Z H, Wirth A, et al. Real-time observation of valence electron motion [J]. Nature, 2010, 466: 739-743.

[55] Drescher M, Hentschel M, Kienberger R, et al. X-ray pulses approaching the attosecond frontier [J]. Science, 2001, 291: 1923-1927.

[56] Mairesse Y, De Bohan A, Frasinski L J, et al. Attosecond synchronization of high-harmonic soft X-rays [J]. Science, 2003, 302: 1540-1543.

[57] Kim S, Jin J, Kim Y, et al. High-harmonic generation by resonant plasmon field enhancement [J]. Nature, 2008, 453: 757-760

[58] Sivis M, Duwe M, Abel B, et al. Nanostructure-enhanced atomic line emission [J]. Nature, 2012, 485: E1-E3.

[59] Park I, Kim S, Choi J, et al. Plasmonic generation of ultrashort extreme-ultraviolet light pulses [J]. Nature Photonics, 2011, 5: 677-681.

[60] Husakou A, Im S J, Herrmann J. Theory of plasmon-enhanced high-order harmonic generation in the vicinity of metal nanostructures in noble gases [J]. Phys. Rev. A, 2011, 83: 043839.

[61] Ciappina M F, Biegert J, Quidant R, et al. High-order-harmonic generation from inhomogeneous fields [J]. Phys. Rev. A, 2012, 85: 033828.

[62] Yavuz I, Bleda E A, Altun Z, et al. Generation of a broadband xuv continuum in high-order-harmonic generation by spatially inhomogeneous fields [J]. Phys. Rev. A, 2012, 85: 013416.

[63] Perez-Hernandez J A, Ciappina M F, Lewenstein M, et al. Beyond carbon K-edge harmonic emission using a spatial and temporal synthesized laser field [J]. Phys, Rev. Lett. , 2013, 110: 053001.

［64］ He L, Wang Z, Li Y, et al. Wavelength dependence of high-order-harmonic yield in inhomogeneous fields ［J］. Phys. Rev. A, 2013, 88: 053404.

［65］ Luo J, Li Y, Wang Z, et al. Ultra-short isolated attosecond emission in mid-infrared inhomogeneous fields without CEP stabilization ［J］. J. Phys. B, 2013, 46: 145602.

［66］ Wang Z, Lan P, Luo J, et al. Control of electron dynamics with a multicycle two-color spatially inhomogeneous field for efficient single-attosecond-pulse generation ［J］. Phys. Rev. A, 2013, 88: 063838.

［67］ Cao X, Jiang S, Yu C, et al. Generation of isolated sub-10-attosecond pulses in spatially inhomogenous two-color fields ［J］. Optics Express, 2014, 22: 26153-26161.

［68］ Luo J, Li Y, Wang Z, et al. Efficient supercontinuum generation by UV-assisted midinfrared plasmonic fields ［J］. Phys. Rev. A, 2014, 89: 023405.

［69］ Zhang C, Liu C, Xu Z. Control of higher spectral components by spatially inhomogeneous fields in quantum wells ［J］. Phys. Rev. A, 2013, 88: 035805.

［70］ 曾婷婷, 李鹏程, 周效信. 两束同色激光场和中红外场驱动氦原子在等离激元中产生的单个阿秒脉冲 ［J］. 物理学报, 2014, 63 (20): 203201.

［71］ Feit M D, Fleck J, Steiger A. Solution of the Schrödinger equation by a spectral method ［J］. J. Comput. Phys., 1982, 47: 412-433.

［72］ Su Q, Eberly J H. Model atom for multiphoton physics ［J］. Phys. Rev. A, 1991, 44: 5997-6008.

［73］ Chu S. Recent developments in semiclassical floquet theories for intense-field multiphoton processes ［J］. Adv. At. Mol. Phys., 1985, 21: 197-253.

［74］ Hentschel M, Kienberger R, Spielmann C H, et al. Attosecond metrology ［J］. Nature, 2001, 414: 509.

［75］ Drescher M, Hentschel M, Kienberger R, et al. Time-resolved atomic inner-shell spectroscopy ［J］. Nature, 2002, 419: 803-807.

［76］ Sansone E, Benedetti E, Calegari F, et al. Isolated single-cycle attosecond pulses ［J］. Science, 2006, 314: 443-446.

［77］ Goulielmakis E, Schultze M, Hofstetter M, et al. Single-cycle nonlinear optics ［J］ Science, 2008, 320: 1614-1617.

［78］ Zou P, Li R, Zeng Z, et al. Generation of an isolated sub-100 attosecond pulse in the waterwindow spectral region ［J］ Chin. Phys. B, 2010, 19: 019501.

［79］ Ge X, Du H, Wang Q, et al. Selection of quantum path in high-order harmonics and isolated sub-100 attosecond generation in few-cycle spatially inhomogeneous fields ［J］. Chin. Phys. B, 2015, 24: 023201.

[80] Antoine P, Piraux B, Maquet A. Time profile of harmonics generated by a single atom in a st. rong electromagnetic field [J]. Phys. Rev. A, 1995, 51: R1750.

[81] Wu J, Zhang G, Xia C, et al. Control of the high-order harmonics fundamental laser and a subharmonic laser field [J]. Phys. Rev. A, 2010, 82: 013411.

[82] Yavuz I. Gas population effects in harmonic emission by plasmonic fields [J]. Phys. Rev. A, 2013, 87: 053815.

[83] Gavrila M. Atomic stabilization in superintense laser fields [J]. J. Phys. B, 2002, 35: R147-R193.

[84] Xue S, Du H C, Xia Y, et al. Generation of isolated attosecond pulse in bowtie-shaped nanostructure with three-color spatially inhomogeneous fields [J]. Chin. Phys. B, 2015, 24 (5): 054210.